U0802933

公路工程跨越油气长输管道安全防护技术研究

——鄂咸高速公路上跨油气管道安全防护技术实践

刘 新 李高磊 何华刚 吴 鹏 著

人民交通出版社股份有限公司
北 京

内 容 提 要

本书结合公路工程跨越石油天然气长输管道施工的实际,介绍了公路工程上跨石油天然气长输管道安全防护技术研究与应用实践方面的内容,包括上下两篇,共分为七章。本书所列具体实例基本涵盖了公路工程中跨越石油天然气长输管道的常见类型,对于有效控制现场安全风险,具有较强的指导作用。也为其他建设工程跨越长输管道安全风险控制提供借鉴与参考。

本书可供工程项目建设单位、监理单位相关人员及施工单位技术人员、管理人员参考使用。

图书在版编目(CIP)数据

公路工程跨越油气长输管道安全防护技术研究 : 鄂咸高速公路上跨油气管道安全防护技术实践 / 刘新等著. — 北京 : 人民交通出版社股份有限公司, 2021.7

ISBN 978-7-114-17427-8

Ⅰ. ①公… Ⅱ. ①刘… Ⅲ. ①道路工程—公路交叉—油气运输—长输管道—安全防护 Ⅳ. ①TE973

中国版本图书馆 CIP 数据核字(2021)第 125146 号

书　　名: 公路工程跨越油气长输管道安全防护技术研究
——鄂咸高速公路上跨油气管道安全防护技术实践
著 作 者: 刘　新　李高磊　何华刚　吴　鹏
责任编辑: 赵瑞琴
责任校对: 孙国靖　龙　雪
责任印制: 张　凯
出版发行: 人民交通出版社股份有限公司
地　　址: (100011)北京市朝阳区安定门外外馆斜街 3 号
网　　址: http://www.ccpcl.com.cn
销售电话: (010)59757973
总 经 销: 人民交通出版社股份有限公司发行部
经　　销: 各地新华书店
印　　刷: 中国电影出版社印刷厂
开　　本: 787 × 1092　1/16
印　　张: 8.75
字　　数: 194 千
版　　次: 2021 年 7 月　第 1 版
印　　次: 2021 年 7 月　第 1 次印刷
书　　号: ISBN 978-7-114-17427-8
定　　价: 45.00 元
(有印刷、装订质量问题的图书由本公司负责调换)

PREFACE 前言

近年来，我国的公路发展处在加速完善交通网的关键阶段，预计今后很长一段时间内，公路建设尤其是高速公路建设投资将保持持续增长的良好态势，在我国经济社会高质量发展的过程中继续发挥支撑保障和投资拉动作用。与此同时，公路工程跨越油气管道施工活动日益频繁，因施工原因导致管道油气泄漏造成人员伤亡和财产损失的事故时有发生，产生较大的社会影响；社会的关注度越来越高，关注面越来越广。

公路工程跨越油气管道施工涉及公路建设单位、监理单位、施工单位及管道权属单位和地方有关部门、企业、村镇、社区、居民，相关方较多；跨越交叉施工受地方自然环境、社会人文因素影响比较大，施工安全风险控制难度增加。因此，加强公路工程跨越油气管道安全防护技术方面的研究非常重要。但截至目前，尚未见到有关这方面的研究。

基于此，湖北省路桥集团有限公司与中国地质大学（武汉）工程学院合作，以在建的湖北省鄂州至咸宁高速公路（以下简称：鄂咸高速公路）为研究案例，在深入现场勘察调研的基础上，开展了公路工程跨越油气长输管道安全防护技术研究，并在鄂咸高速公路工程施工中进行了应用，取得了不错的效果。为了更好地推广项目研究成果，我们在完善研究成果和总结应用实践经验的基础上，编写了《公路工程跨越油气长输管道安全防护技术研究——鄂咸高速公路上跨油气管道安全防护技术实践》一书。

全书包括上下两篇。上篇为理论篇，分为四章：第一章简要介绍了公路工程的相关知识；第二章简要概述了长输管道的相关知识；第三章为长输管道安全防护研究现状、鄂咸高速公路项目简介和公路工程上跨石油天然气长输管道安全防护技术研究概况；第四章为公路工程上跨石油天然气长输管道安全防护的相关风险控制技术。下篇为实践篇，分为三章：第五章、第六章和第七章，分别具体介绍了在施工工艺技术、应急救援、现场风险信息化管理方面的实践成果。

本书所列的具体施工实例基本涵盖了公路工程中跨越石油天然气长输管道的常见类型，这些实例对于提高工程施工安全管理水平，有效控制现场安全风险，实现施工过程的本质安全,提供了有价值的借鉴。

本书内容结合公路工程上跨石油天然气长输管道施工的实际,具有很强的针对性、实用性,是我们对公路工程跨越油气长输管道安全防护技术方面的一次有益的探索和尝试,希望能够对公路工程跨越油气长输管道的本质安全起到抛砖引玉的作用,以期为其他类似建设工程跨越长输管道安全风险控制提供借鉴与参考。

著　者

2021 年 3 月

CONTENTS

目录

上篇 理 论 篇

下篇 实 践 篇

上篇

理论篇

第一章　公路工程

第一节　概　述

在我国，公路是指经交通运输主管部门验收认定的城间、城乡间、乡间主要供汽车行驶并且具备一定的技术条件和设施的公共道路，包括由交通运输主管部门认定已经建成的公路以及按照国家公路工程技术标准进行设计，并经国家有关行政管理部门批准立项由交通运输主管部门组织正在建设中的公路。

公路是一种线性带状结构物，布置在地面，供各种车辆行驶，由线形、结构组成和沿线设施构成。

(1)公路线形。公路线形包括平面线形、纵断面线形和横断面线形。它指公路中心线的立体形状，公路中线的空间位置和各部分几何尺寸。

(2)公路结构组成。公路结构组成包括路基、路面、桥涵、隧道、排水系统、交叉工程、防护工程、特殊构造物等。

(3)公路沿线设施。公路沿线设施包括安全设施、管理设施、照明设施、服务设施等。

公路是我国陆地交通运输的重要组成部分，在我国陆地交通中有着重要的地位。高速公路、国道、省道、县道、乡道以及村道组成的交通网络，既可以满足人们对现代交通陆地运输的需求，又可以帮助人们实现“门对门”的便捷性运输，为人们的日常出行提供了非常大的便利。

改革开放以来，随着经济的快速发展，我国原有的公路建设规模、等级、里程等已不能满足经济发展的需要，因此，开始大力发展公路新、改、扩建工程建设；我国公路迎来了快速发展契机，促进了我国交通基础设施的不断完善。

尤其是“十三五”时期，我国交通运输发展处于支撑全面建成小康社会的攻坚期、优化交通运输网络布局和结构的关键期和交通基础设施提质、增效、升级的转型期，公路建设进入了新的发展阶段。根据交通运输部《2019 年交通运输行业发展统计公报》，2019 年末全国公路总里程 501.25 万 km，比 2018 年增加 16.60 万 km。公路密度 52.21km/(100km^2)，增加 1.73km/(100km^2)。公路养护里程 495.31 万 km，占公路总里程 98.8%。

2015—2019 年全国公路总里程及公路密度如图 1-1 所示。

2019 年末，全国四级及以上等级公路里程 469.87 万 km，比 2018 年增加 23.29 万 km，占公路总里程 93.7%，提高 1.6 个百分点。二级及以上等级公路里程 67.20 万 km，增加 2.42 万 km，占公路总里程 13.4%，占比与 2018 年基本持平。

2019 年全国公路里程分技术等级构成如图 1-2 所示。

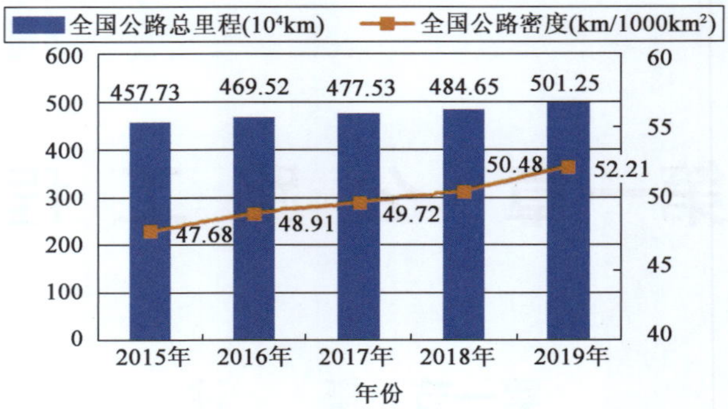

图 1-1　2015—2019 年全国公路总里程及公路密度

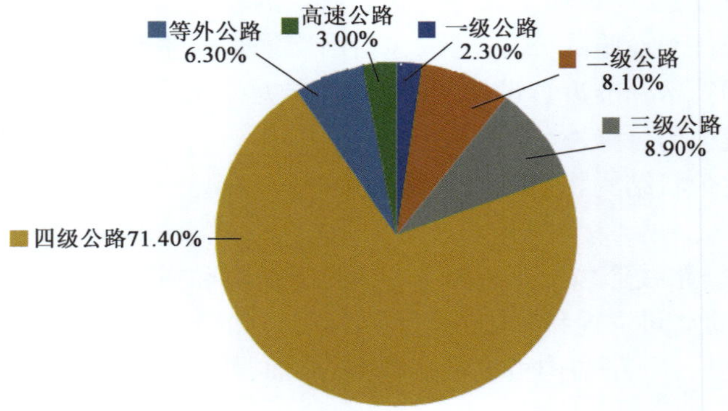

图 1-2　2019 年全国公路里程分技术等级构成

“十三五”以来，我国公路建设保持着规模逐年增加，投资平稳增长，交通基础设施建设不断加快的良好态势。概而言之，公路建设呈现以下几个主要特点：

(1)公路交通网络持续加密。截至 2019 年末，全国公路总里程 501.25 万 km，增加 16.60 万 km，其中高速公路里程增加 0.7 万 km。

(2)公路干线网升级加快。2019 年末，二级以上公路里程同比增加 2.4 万 km，普通国、省道高等级路面铺装率达到 87.0%。

(3)公路基础设施网不断拓展。截至 2019 年末，农村公路里程达 420.05 万 km，较 2018 年末增加 16.08 万 km，其中县乡、村道分别增加 3.1 万 km、2.4 万 km 和 10.6 万 km。

2020 年初，我国公路通车里程已达到 500 万 km，高速公路建成里程达到 15 万 km。预计“十四五”时期乃至今后更长一段时间，公路建设仍将扩大有效投资，保持快速增长趋势，预计到 2023 年，中国公路建设投资额将接近 3.9 万亿元。公路建设将为加快建设交通强国、实现经济社会高质量发展奠定坚实基础。

第二节　公路工程建设项目

公路工程是指以公路为对象进行的规划、设计、施工、监理、养护与管理工作的全过程及其所建造的工程实体。公路工程实体的范围包括路基、路面、桥梁、涵洞、隧道、排水系统、安全防护设施、绿化和交通监控设施以及施工、养护和监控使用的房屋、车间和其他服务性设施。公路工程建设是构建便捷、通畅、高效、安全的交通运输体系的重要组成部分，也是扩大国内需求、拉动国民经济增长、推动经济社会高质量发展的重要举措。加强公路工程建设，既可以有效地改善交通条件，又可以完善公路基础设施，从而促进地方经济发展。

一、公路工程建设项目分类

公路工程建设项目因建设规模、技术等级、建设阶段等因素存在不同的分类方式，各分类方式及其种类如表1-1所示。

公路工程建设项目分类　　表1-1

分类方式	种　　类
按投资再生产性质	基本建设项目，包括新建、扩建、改建、迁建和重建等
	更新改造项目，包括技术改造项目、技术引进项目和设备技术更新项目等
按建设规模划分	对于公路建设项目，新建、扩建长度200km以上的国防、边防公路和跨省区的重要干线以及长度1000km以上的公路大桥为大、中型项目
	对于公路更新改造项目，总投资大于5000万元的为限额以上项目；总投资100万～5000万元的为限额以下项目；总投资小于100万元的为小型项目
按建设阶段划分	预备项目（投资前期项目）或筹建项目
	新开工项目
	施工项目
	续建项目
	投产项目
	收尾项目
	停建项目
按公路行政隶属关系划分	国家干线公路项目（简称国道）
	省、自治区、直辖市干线公路项目（简称省道）
	县公路项目（简称县道）
	乡公路项目（简称乡道）
	专用公路项目
按公路技术等级划分	高速公路项目
	一级公路项目
	二级公路项目
	三级公路项目
	四级公路项目

二、公路工程建设项目的组成

建设项目是指一个总体设计或初步设计的范围内，由一个或若干个单项工程所组成的经济上实行统一核算，行政上有独立机构或组织形式，实行统一管理的基本建设单位。一般来讲,公路工程建设项目分为单项工程、单位工程、分部工程、分项工程,如图1-3所示。

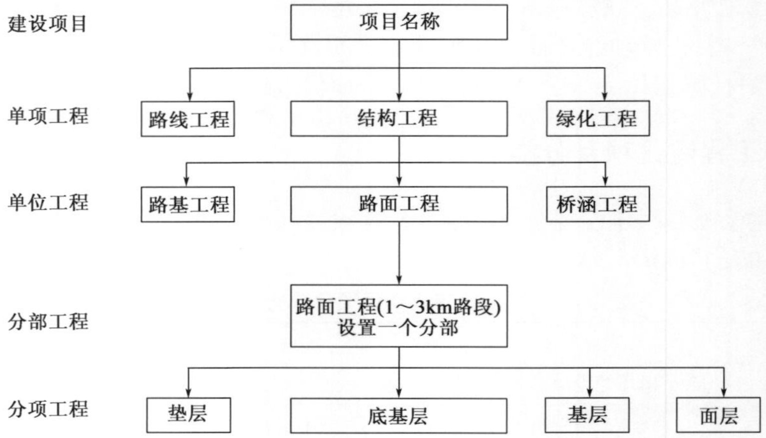

图1-3　公路工程建设项目的组成

单项工程(工程项目)是指具有单独的设计文件,建成后可独立发挥生产能力和效益的工程。也可将它理解为具有独立存在意义的完整的工程项目,一个建设项目可以是一个单项工程,也可以包括多个单项工程。

单位工程是具有独立的设计文件和施工条件,建成后能独立具有使用功能,但不能独立发挥生产能力和效益的工程。

分部工程是单位工程的组成部分,根据单位工程的主要部位、工种内容、材料结构或施工顺序等来划分。

分部工程按照不同的施工方法、构造及规格,可以进一步划分为分项工程。分项工程是能用较简单的施工过程生产出来的,可以用适当计量单位进行计算的工程基本构造要素,是工程造价计算的基本要素和概预算最基本的计量单元。

三、公路工程项目建设程序

项目建设程序是指国家按照一个建设项目的客观规律制定的从提出项目设想、选择、评估、决策、设计、建设、开始生产活动的全过程以及各项工作必须遵循的先后次序。项目建设程序是工程建设过程客观规律的反映,是建设项目科学决策和顺利进行的重要保证。

公路工程项目建设程序按照其内在发展规律,一般包括投资前阶段、投资阶段和生产阶段。这三个阶段又可分为若干子阶段,它们之间存在严格的先后顺序,可以进行合理的交叉,但不能任意颠倒。

1.投资前阶段

(1)项目建议书

编制项目建议书是项目建设的最初阶段,是建设单位向国家提出的要求建设某一项目的建设文件,是对建设项目提出的一个轮廓设想,从宏观上考察项目建设的必要性,是否符合国家长远规划的方针和要求,初步分析项目建设的条件是否具备,投入和产出是否合理。项目建议书应包括以下内容。

①建设项目提出的必要性和依据；

②产品方案、拟建规模和建设地点的初步设想；

③资源情况、建设条件、协作关系等的初步分析；

④投资估算和资金筹措设想；

⑤项目进度安排；

⑥经济效益和社会效益的估计。

(2)项目可行性研究

在投资决策前，对与拟建项目有关的社会、经济、技术等各方面进行调查研究，对各种可能采用的建设方案进行技术经济分析与比较论证，对项目建成后的经济效益进行预测与评价，由此得出该项目是否应该投资和如何投资等结论性意见，为项目投资决策提供可靠的依据。

可行性研究工作主要包括机会研究阶段、初步可行性研究阶段、详细可行性研究阶段、评价和决策阶段。

①机会研究阶段

机会研究阶段的主要任务是提出建设项目投资方向建议，即在一个确定的地区和部门内，根据自然资源、市场需求、国家政策与国际贸易情况，通过调查研究、预测分析，选择建设项目，寻找投资机会。

②初步可行性研究阶段

初步可行性研究阶段是正式详细可行性研究前的预备性研究阶段。经过初步可行性研究，认为该项目具有一定的可行性，便可转入详细可行性研究阶段，否则就终止该项目。

③详细可行性研究

详细可行性研究又称技术经济可行性研究，是可行性研究的主要阶段，是建设项目投资决策的基础。这一阶段内容较详尽，所花费的时间和精力都较大。

2. 投资阶段

(1)工程勘察

工程勘察是运用各种科学技术方法，为查明工程项目建设地形、地貌、土质、岩性、地质构造、水文等自然条件而进行的测量、测试、观察、勘探、鉴定和综合评价等工作，其目的是为设计和施工提供可靠的依据。

①对初步设计方案进行补充勘察，如有方案变化应及时与有关主管部门联系，并报上级批准。

②实地选定路线或实地放线，进行测角、量距、中线测设、桩志固定等工作；

③引设水准点，并进行路线水准测量；

④路线横断面测量；

⑤测绘或勾绘路线沿线的带状地形图；

⑥对有大型构造物地带，应测绘局部大比例尺地形图；

⑦进行桥、涵、隧道的勘测和调查；

⑧进行路基路面调查；

⑨占地、拆迁及预算资料调查；

⑩沿线土壤地质调查及筑路材料勘察。

(2)设计阶段

工程设计是指在工程开始施工之前,设计者根据已批准的设计任务书,为具体实现拟建项目的技术、经济要求,拟订建筑、安装及设备制造等所需的规划、图纸、数据等技术文件的工作。

设计文件是建筑安装施工的依据。拟建工程在建设过程中能否保证进度、保证质量和节约投资,在很大程度上取决于设计质量的优劣。工程建成后,能否获得满意的经济效果,除了项目决策之外,设计工作起着决定性的作用。

公路工程的设计程序一般包括:初步设计、技术设计、施工图设计。

①初步设计

初步设计是设计过程中的一个关键性阶段,也是整个设计构思基本形成的阶段。通过初步设计可以进一步明确拟建工程在指定地点和规定期限内进行建设的技术可行性和经济合理性;并规定主要技术方案、工程总造价和主要技术经济指标,提出施工方案,以利于在项目建设和使用过程中最有效地利用人力、物力和财力。一般应选择两个或两个以上的技术方案,进行同深度、同精度的测设工作和方案比选,提出推荐方案。

②技术设计

技术设计是初步设计的具体化,也是各种技术问题的定案阶段。技术设计的详细程度应能满足设计方案中重大技术问题的要求,应保证能根据它进行施工图设计和提出设备订货明细表。

③施工图设计

施工图设计主要是通过设计图纸,把设计者的意图和全部设计结果表达出来,作为工人进行工程施工的依据。施工图设计的深度应能满足设备材料的选择与确定、非标准设备的设计与加工制作、建筑工程施工和安装的要求。

公路勘测设计应根据项目的性质和要求分阶段进行,公路工程基本建设项目可以采用一阶段设计、两阶段设计或三阶段设计。一般公路工程基本建设项目可按初步设计和施工图设计两个阶段进行;对于技术上复杂而又缺乏设计经验的项目或建设项目中的个别路段、特殊大桥、互通式立交、隧道等,必要时可按初步设计、技术设计和施工图设计三个阶段进行。

3. 施工阶段

公路工程各施工阶段及其主要工作内容如表1-2所示。

公路工程施工阶段分类　　表1-2

施工阶段	内容
施工准备阶段	完成征地拆迁工作
	施工场地的“三通一平”
	组织设备、材料订货
	委托建设监理
	组织工程招投标、选择施工单位
	办理施工许可证

续上表

施工阶段	内容
建设实施阶段	建设单位:根据年度建设计划,做好投资资金的落实;设备、材料的选择、采购和组织施工工作
	施工单位:按时保质地完成项目建设

4. 竣工验收阶段

竣工验收是建设程序的最后一步,是考核建设成果,检验设计和施工质量的一个重要环节。

竣工验收包括单项工程验收和全部验收两部分,是由建设、设计、施工、监理等单位共同实施,验收合格后由建设单位向主管部门提交验收报告,编制竣工决算。

5. 后评估阶段

建设项目后评估是工程项目竣工投产、生产运营一段时间后,再对项目的立项决策、设计施工、竣工投产、生产运营等全过程进行系统评价的一种技术活动,是固定资产管理的一项重要内容。

通过建设项目后评估,可以达到肯定成绩、总结经验、研究问题、吸取教训、提出建议、改进工作、不断提高项目决策水平和投资效果的目的。

6. 生产阶段

公路养护是指为保持公路的正常使用而进行的经常性保养、维修作业,预防和修复灾害性损坏的工作以及为提高服务水平而进行的加固、改善或增建工作。

公路养护工程按其工程性质、复杂程度、规模大小可划分为:小修保养、中修、大修、改建工程。

第三节 公路工程安全风险管控

公路工程安全风险管控是指在工程实施前,对可能导致人员伤亡、财产损失及其他不良社会影响的建设项目进行风险分析,并按照确定的风险等级采取有针对性的管控措施,有效降低施工风险,严防重特大事故发生。安全风险管控是指风险辨识分析、评价、控制并持续改进的动态过程,一般按照风险辨识分析、风险评价、风险控制等过程进行。

一、风险辨识分析

风险辨识分析是安全风险管控的基础,也是安全风险管控的第一步。只有正确辨识出自身所面临的风险并进行分析,才能主动选择适当的方法进行有效控制。

风险辨识的范围包括可能导致人身伤害、健康伤害或财产损失的根源、状态或行为,或它们的组合。根源是指具有能量(有害物质)或产生、释放能量(有害物质)的物理实体;状态包括物的状态和作业环境的状态;行为包括决策人员、管理人员以及从业人员的决策行为、管理行为以及作业行为。

风险辨识方法包括：头脑风暴法、访谈法、专家判断法、鱼骨法、历史信息核对法、流程图法、因果图法、德尔菲法等，其中最常见的是前三种，即头脑风暴法、访谈法、专家判断法。风险辨识一方面可以通过感性认识和历史经验来判断，另一方面也可通过对各种客观资料和风险事故的记录来分析。

风险辨识应基于"全面系统"的原则，对工程风险点进行动态发现、筛选并记录，系统掌握公路工程风险点的种类、数量和分布状况，摸清安全风险底数。在此基础上，对每个公路工程风险点的施工工艺、设备设施、作业环境、人员行为和管理体系等方面存在的安全风险进行全方位、全过程辨识，做到系统、全面、无遗漏。公路工程施工过程中涉及油库等危险化学品的风险辨识，参照《危险化学品重大危险源辨识》标准进行。

在风险辨识的基础上，参照《企业职工伤亡事故分类》(GB 6441—1986)，综合考虑起因物、引起事故的诱导性原因、致害物、伤害方式等对风险可能性进行分析，对后果严重性进行梳理、分析，确定安全风险类别。可能性分析包括系统脆弱性、现有控制措施的符合性和有效性以及缺陷、不足等；后果严重性包括危险引发事故发生时可能造成的人身伤害、健康伤害或财产损失。

二、风险评价

风险评价是在风险辨识、分析的基础上，对比风险分析结果和风险准则，选择适用的定性、定量或定性定量相结合等方法，对危险发生的可能性和后果严重性进行估计和预测，确定风险等级的过程，为风险分级、风险控制提供支持。

对不同类别的安全风险，采用相应的风险评价方法。常见的风险评价方法包括工作危害分析法(JHA)、安全检查表分析法(SCL)、作业条件危险性分析法(LEC)、风险程度分析法(MES)、指标体系法、风险矩阵分析法(LS)等。工作危害分析法(JHA)、安全检查表分析法(SCL)是一种定性的风险评价方法。作业条件危险性分析法(LEC)、风险程度分析法(MES)、指标体系法、风险矩阵分析法(LS)是一种半定量的风险评价方法。

根据风险评价结果，按照风险高低和关注程度对工程施工过程中的风险进行分级。工程风险点的安全风险分级，原则上从高到低分为重大风险、较大风险、一般风险、低风险。

这里需要说明的是，工程风险点与行业规定的危险性较大的分部分项工程应做好衔接一致，便于施工风险的控制。《公路桥梁和隧道工程施工安全风险评估指南(试行)》《高速公路路堑高边坡工程施工安全风险评估指南》确定的专项评估对象(施工作业活动或施工区段)的Ⅰ级、Ⅱ级、Ⅲ级、Ⅳ级，分别对应工程风险点的低风险、一般风险、较大风险、重大风险。

三、风险控制

1. 风险管控原则

工程风险管控原则是：风险越大，管控级别越高；上一级负责管控的风险，下一级必须负责管控，并逐级落实具体措施，有效管控安全风险。当风险无法降低时，应及时调整设计、施工方案。

2. 风险控制措施

根据风险接受准则的相关规定，遵循消除、预防、减弱、隔离、警示等原则，针对不同等级的风险采取不同的手段或措施，经济有效地控制和降低风险。对风险等级在较大风险级以上的工程风险点，明确相应的风险控制措施；其他风险等级的工程风险点可根据工程实际情况，确定相应的风险控制措施。

3. 风险管控要求

（1）建立风险管控清单。根据风险辨识、分析、评价及控制原则形成安全风险管控清单，标明工程风险类别、名称、特征、位置、责任主体、控制措施等情况。将每个风险点的管控责任按照风险等级逐级落实到部门、分部（工区）岗位、人员。

（2）实施风险差异化管控。对不同级别的风险点实行差异化管控，对每个风险点制订和采取具体严密的安全管控措施，包括组织、工程技术、制度管理、在线监测、视频监控、应急管理等措施。加大对重大、较大风险级安全风险点监督管理频率和力度，强化风险管控措施，把可能导致的后果限制在可防、可控范围之内。对无法有效管控的重大风险，应及时采取停工措施，撤离现场作业人员及影响范围内的人员，划定禁区，防止重大风险失控引发事故。

（3）加强风险监督管理。这是风险管控不可缺少的一步。通过定期或不定期对不同的风险控制措施的结果进行检查和评估，持续改进风险管控机制，不断完善风险管控措施，以获得最佳成本效益。建设项目各参建单位重点对本项目内工程安全风险点的管控情况进行监督检查，落实管控责任、措施。

四、风险评估工作

公路工程是建设工程的一个类别，较之其他工程，具有施工点多、线长、面广的特点，有其特殊性。交通行业对公路工程建设，尤其是风险评估要求更加严格，要求工程施工前建设项目必须开展施工安全风险评估，否则不予施工许可。按照交通运输部《公路桥梁和隧道工程施工安全风险评估指南（试行）》《高速公路路堑高边坡程施工安全风险评估指南》要求，公路工程施工安全风险评估工作包括制订评估计划、选择评估方法、开展风险分析、进行风险估测、确定风险等级、提出措施建议、编制评估报告等方面。具体评估方法和评估步骤如下：

1. 评估方法

评估方法应根据公路工程特点，选择相应的定性或定量的风险评估方法。具体评估方法的选择，可参照《公路桥梁和隧道工程施工安全风险评估指南（试行）》。主要包括专家调查法、作业条件危险性评价法（LEC）、指标体系法、矩阵法等。

2. 评估步骤

（1）开展总体风险评估。工程开工前，根据工程的地质环境条件、建设规模、结构特点等孕险环境与致险因子，估测工程施工期间的整体安全风险大小，确定项目总体安全风险等级。总体风险评估也称静态条件下的风险评估。

（2）确定专项风险评估范围。总体风险评估等级达到Ⅲ级（高度风险）及以上的路堑高边坡、桥梁、隧道工程施工作业活动(施工区段),进行专项风险评估。其他风险等级的工程可视情况开展专项风险评估。

(3)开展专项风险评估。通过对施工作业活动(施工区段)中的风险源普查,根据其作业风险特点以及类似工程事故情况,在分析物的不安全状态、人的不安全行为的基础上,确定重大风险源和一般风险源。对照相关风险等级标准,确定专项风险等级,并针对其中的重大风险源进行量化估测,提出相应的风险控制措施。专项风险评估结论应作为完善施工组织设计和危险性较大分部分项工程安全专项施工方案、应急预案的依据。

第四节 公路工程建设发展趋势

随着以信息化技术为代表的科学技术的不断进步及其在公路工程建设中的广泛应用,我国公路工程建设出现了许多新的特点和内容,整体朝着建设模式多元化、建设过程精细化、建设施工标准化、建设高端智能化的方向发展。

一、工程建设模式多元化

设计—招标—建造模式是我国公路工程建设领域基本的承包模式,也是我国公路工程建设领域传统的承包模式。随着公路工程建设领域的快速发展,传统的工程建设模式已跟不上时代的步伐,总体上工程项目承包向工程总承包模式的方向发展,这代表着工程建设未来全新的发展方向。工程总承包模式体现设计与施工一体化、集成管理的思想,有利于生产要素和资源优化配置,最大限度减少工程建设的管理环节,真正体现责任与权力的统一,体现风险与效益的统一,体现过程与结果的统一。目前,公路工程建设模式主要有以下几类:

1. 公私合营模式

公私合营(Public-Private Partnership,PPP)模式,应用越来越广泛,较多应用于投资额较大、建设周期长、资金回报较慢的建设项目。该模式的实质就是,通过政府给予企业长期的特许经营权和收益权,更好地推进基础设施建设和有效运营。

2. 工程总承包模式

工程总承包(Engineering Procurement Construction,EPC)模式,又称设计、采购、施工一体化模式。EPC 模式的重要特点是充分发挥市场机制的作用,发挥总承包商的主观能动性,提高工作效率,创造更好的经济效益。EPC 模式下可以产生 EP + C、E + P + C 等很多种衍生和组合。

3. 项目管理承包模式

在项目管理承包(Project Management Consultant,PMC)模式下,项目管理承包商一般不直接参与项目的具体工作(如项目设计、采购、施工和试运行等阶段)。在设计方面,初步设计与施工图设计分离,PMC 模式负责完成初步设计,施工图设计则完全进入技术竞争领域。

4. 设计-建造模式

设计-建造(Design and Build,DB)模式,在国内一般称为 Design-Construction 模式,即设计-

施工总承包模式;在国际上也称 Turn-Key-Operate 模式,即交钥匙模式。

5. 设计-招标-建造模式

设计-招标-建造(Design-Bid-Build,DBB)模式在国际上比较通用,而且是最早应用的工程项目发包模式之一,也称平行发包模式。

6. "边设计、边施工"模式

"边设计、边施工"(Construction Management Approach,CM)模式是一种合同管理模式,也称活施工管理承包模式,在国外广泛流行。该模式与设计图纸完成之后进行招标的建设模式有很大不同。

7. 建造-运营-移交模式

建造-运营-移交(Build-Operate-Transfer,BOT)模式的最大特点是"公共工程特许权",因获得政府许可和支持,项目融资拓宽了渠道。投资较大、建设周期长和可以运营获利的项目主要适用该模式。当然,BOT 还可以有多种演变方式,如 BOOT、BOO、DBOT、BTO、TOT 等。

由此看来,公路工程建设的模式在未来很长时间内将逐步向多元化方向转变,这是大势所趋,是我国经济社会实现高质量发展的必然要求。

二、工程建设过程精细化

随着公路工程建设的不断发展,建设领域的市场竞争不断加剧,工程建设管理体制、建设模式等也在不断地发生变化,因此,加强工程建设过程精细化管理的要求越来越迫切。

精细化管理是一种有效的管理方式,它建立在常规管理的基础之上,主要目标是最大限度地减少管理所占用的资源和降低管理成本。

精细化管理是强化工程建设项目管理工作的最有效方法和手段。推行工程建设过程精细化就是改变传统的粗放型的管理模式,将具体的量化指标渗透到工程建设的准备、实施、后期等各个阶段,将工程建设管理工作中的每一个环节、每一个步骤、每一项工作进行细化分解,保证各项工作环节之间无缝链接,使精细化要求成为日常工作的标准和习惯,并形成全方位、全过程的工程建设精细化管理的长效机制,全面提升工程建设管理水平。

三、工程建设施工标准化

施工标准化是现代工程建设管理的应有之义。近年来,交通运输部为了提升公路工程建设品质,大力推行公路工程施工标准化活动。公路工程施工标准化对转变公路工程建设发展方式,规范工程建设和管理起到了非常重要的作用。

地方交通运输主管行政部门在公路工程标准和规范的基础上,结合各自实际,出台并实施了高速公路建设标准化文件,在勘察设计、工地建设、施工工艺、管理、建设管理、安全管理等方面进行补充和细化,进一步推进公路工程建设标准化工作。通过在高速公路建设项目的"点"上示范、"线"上推进、"面"上铺开,公路工程建设施工标准化由试点示范阶段向全面覆盖阶段,由工地建设向施工工艺、工法,由高速公路向普通公路工程逐步推进,结出了丰富硕果。

但是,公路工程施工标准化工作无论从开展的深度、广度或标准化意识提升等方面与预期的程度还存在一定差距,还有很长的路要走,任重道远。因此,公路工程施工将继续朝着标准化方向发展,不断完善公路工程施工标准化,推动标准化贯穿施工的各个环节,有效推动我国公路建设的高质量发展。

推进施工标准化就是通过"管理制度""人员配备""现场管理""过程控制"四个方面的标准化,实现现场管理有序化,人员行为规范化,过程控制标准化,各项设施(生活、施工、安全防护)统一化,文明施工可控化,提升工程质量,节约工程成本,保障安全生产,提高文明施工程度。

2019 年国家颁布了《交通强国建设纲要》,为公路工程建设发展指明了方向。未来公路工程建设将不断向纵深推进,建设项目将会朝着管理更加规范、制度体系更加完善、施工工艺更加精细、施工行为更加文明、工程建设品质明显提升的方向发展。

四、公路工程建设智能化

2018 年,交通运输部发出通知,决定在北京、河北、吉林、江苏、浙江、福建、江西、河南、广东九省(市)加快推进新一代国家交通控制网和智慧公路试点。随着国家公路智能化政策的逐渐落地以及我国公路工程建设里程不断增加,公路智能化热潮也将愈演愈烈,公路智能化发展越来越成为公路发展大趋势。

根据《交通强国建设纲要》,我国将加快推进智慧公路建设,推动智能技术与公路工程建设深度融合,实现公路工程建设的智能化,提高公路工程建设管理水平。

未来,智能化发展将贯穿于公路工程建设全链条的各环节,公路工程建设的智能化主要向两个方面发展应用:

1. 先进技术推广

随着交通科技投入的不断加大,更多的智慧公路建设先进技术将会陆续推广。一是应用三维可测实景技术,结合高精度地图,实现对"两区三场"(办公区、生活区、拌和站、梁场、钢筋加工厂)公路工程驻地、施工生产设施的数字化采集、管理与应用;二是应用无人机、传感器、视频监控等手段和北斗(GPS)高精度定位系统,提高公路工程建设安全状态的监测、预警与分析和应急反应能力,增强公路工程建设信息化综合支撑能力,推动公路工程建设向智能、安全方向发展。

2. 监管平台建设

以先进技术为支撑,加快建设公路工程建设项目监管一体化平台,通过监管平台实现公路工程建设信息的实时共享、实时预警监测以及建管养一体化。监管平台的重要特点,一是通过施工现场的传感器、视频监控设备、无人机,实现拌和站、梁场、钢筋加工厂、工地试验室以及桥梁、隧道等重要场所的数据与视频的实时传送,既改变单纯靠人工现场检查的传统模式,又提升工程建设监管的针对性、即时性、有效性。二是通过互联网、移动终端、二维码(微信、支付宝)等信息技术,结合公路工程桥梁、隧道、高边坡等关键工程设施的数字化、可视化,在工程建设质量、安全、进度等方面实现了智慧动态调度,提高了工程施工组织协同、质量和安全管控水平。

第二章　长输管道

第一节　概　　述

长输管道用于长距离将液体或气体等介质由供应方输送到用户方。它具有管径大、距离长、输量大的特点,有各种配套辅助工程,有独立的管道监控和经营管理系统。

可用管道输送的液体有水、原油、成品油、液化天然气、液态化工产品、煤浆、矿浆及其他可液态化产品。可用管道输送的气体有天然气、煤气及其他可气态化的产品。供应方可以是油田、气田、水库、炼厂、化工厂、煤气公司、矿厂,用户方可以是油库、港口、火车装油站、炼厂、供水供气总站等。若管道通过海底,则称为海底油、气管道。

一、基本定义及范围界定

我国有很多标准、法规定义了“长输管道”及相关名称。受行业背景的影响,主要有压力管道和油气管道两个不同的行业体系定义。

在管道作为压力容器管理的体系下,长输管道(GA 类)与公用管道(GB 类)、工业管道(GC 类)、动力管道(GD 类)一起作为压力管道的类别来定义。

但在《特种设备目录》中,将动力管道也纳入工业管道类别,将压力管道按照长输管道(8100)、公用管道(8200)、工业管道(8300)分类,再将长输管道细分为输油管道(8110)与输气管道(8120),公用管道细分为燃气管道(8210)与热力管道(8220),工业管道细分为工艺管道(8310)、动力管道(8320)及制冷管道(8330)。根据此分类,作为管道系统一部分的站场管道是否作为工业管道管理,存在理解上的不同。

与压力管道的分类方式不同,油气管道行业按照上游、中游、下游产业链,将管道类型划分为集输管道、长输管道及配送管道。其中,处于中游的管道统称为油气长输管道,具有输送距离长、管径大等特点,主要在输送介质特性、管材、收发球装置、运行压力、控制系统标准及管理要求等方面与上游、下游的集输管道和配送管道显著不同。但是,油气能源上游或下游的油气企业也运营着具有中游管道特点,但又与集输或配送管道显著不同的管道。因此,不能以上游、中游、下游产业链管理的对象定义管道类型,需要明确长输管道的定义和涵盖范围,确定长输管道的输送对象和属性,以便于管道数据统计,规范管道标准与经营管理等。

1. 压力管道体系中的长输管道

在压力管道体系中,对于长输管道的描述经历了多版本规范与文件的更新与改进,最新的描述是《质检总局、国资委、能源局关于规范和推进油气输送管道法定检验工作的通知》(国质检特联〔2016〕560号)中的规定,该《通知》明确规定:本通知所指的管道属于《特种设备目录》中的长输管道,是指依据《输气管道工程设计规范》(GB 50251—2015)和《输油管道工程设计规范》(GB 50253—2014)设计的,在产地、储存库、油气使用单位之间的用于输送商品介质的压力管道,包括原油、成品油、天然气长距离输送管道,不包括海上管道和海上管道登陆段。这段描述不能将《输气管道工程设计规范》(GB 50251—2015)和《输油管道工程设计规范》(GB 50253—2014)两个标准颁布前设计、建设和运营的管道纳入长输管道,也不适合作为长输管道的定义,主要原因是:不能用“管道”来定义“长输管道”。

国家市场监管总局颁布的《特种设备生产单位许可目录》规定长输管道分为两类:GA1为设计压力大于或等于4.0MPa(表压)的长输输气管道或设计压力大于或等于6.3MPa(表压)的长输输油管道;GA2为GA1级以外的长输管道。该目录直接将“长输管道”作为一个定义和界定范围清晰的名词使用,直接用压力对长输管道进行分类。

可见,如果按照现有的规范或文件等定义或界定长输管道,可以按照《质检总局、国资委、能源局关于规范和推进油气输送管道法定检验工作的通知》(国质检特联〔2016〕560号)要求明确长输管道定义和界定范围,然后按照《特种设备生产单位许可目录》划分GA1、GA2两个等级,但不宜包括未按照《输油管道工程设计规范》(GB 50253—2014)和《输气管道工程设计规范》(GB 50251—2015)设计和建设的长输管道。

按照压力管道标准体系编写的《压力管道规范长输管道》(GB/T 34275—2017),将GA类长输管道(Long-Distance Pipeline)定义为“产地、储存库、用户间的用于输送(油气)商品介质的管道”,将管道(Piping)定义为“由管道组成件和管道支撑件组成,用于输送、分配、混合、分离、排放、计量、控制及制止液体流动的钢管、管件、法兰、螺栓连接、垫片、阀门、其他组成件或受压部件的装配总称”。同时,该标准参照《石油天然气工业管道输送系统》(ISO13623:2006)给出了长输管道的范围,但未按照类似GA1、GA2分类方法划分压力等级。

2. 油气行业中的长输管道

受油气行业发展历史的影响,长距离油气输送管道建成后,“管道”“长输管道”“管道系统”等先后成为行业内的常用名称,并自然地出现在报告、论文中,标准中也逐步使用了这些名称并给出了定义。

其中3个较权威的标准分别为《石油天然气工业术语　第3部分:油气地面工程》(GB/T 8423.3—2018)、《油气长输管道工程施工及验收规范》(GB 50369—2014)、《油气储运术语》(SY/T 7031—2016)。通过对比分析可见,3个标准中关于长输管道的定义存在以“管道”定义“长输管道”的问题,主要原因是:标准的目的是定义“长距离输送”,以此来区分其与集输管道、配送管道的属性及隶属关系。

仅从文字上分析,GB/T 8423.3—2018与GB 50369—2014的定义基本相同,但GB/T 8423.3—2018将管道输送物定义为“商品介质”,而GB 50369—2014将管道输送物定义为“油、气介质”,于是可能导致这样的困惑:如果管道只输送不需要交易的介质,那么是否不能定义为长输管道。SY/T 7031—2016的定义则与以上两个标准的描述差异较大,其对“不同地区间”的区域限制虽然突显了长距离,但也造成了歧义,主要是对区域的范围难以界定,同时

LNG 站直接外输的管道也不符合“经矿厂净化处理”条件。

在油气行业的背景下，上述 3 个定义从逻辑、文字意义等方面存在差异与不足，需要统一和完善。与压力管道规范标准相比，油气行业标准并不关注管道压力等级的区分，未按照压力等级划分管道级别和类型。

3. 油气行业中的管道及管道系统

目前，中国采用“管道”定义油气行业长输管道的标准包括：国家标准 GB/T 24259—2009（ISO13623：2000MOD）、GB/T 29167—2012（ISO 16708：2006IDT）、行业标准 SY/T 5536—2016 等。其中国家标准对于“管道”的定义从字面上大于相关标准对于“长输管道”的定义，但 GB/T 24259—2009 所规定的范围是行业中广为认可的长输管道范围。行业标准 SY/T 5536—2016 概要描述了输油管道的范围，规定以输油站站内和站外描述管道及其附属设施，对“管道”的定义概念模糊。虽然这些标准对“管道”和“长输管道”的定义存在一定差异，但其定义的对象却与长输管道的范围是相同的。

SY/T 0439—2012 给出的管道定义范围过大，根据标准的范围和内容可认为其侧重工艺管道。同样，在化工领域相关标准中定义的管道多为工艺配管。在 GB/T 24259—2009、GB 50253—2014、SY/T 7394—2017 中，均采用“管道系统”的定义，但定义的对象和范围不同：在 GB/T 24259—2009 中，管道系统包含除物理系统以外的其他软件及控制系统等；在 GB 50253—2014 中，只定义了物理系统的范围；在 SY/T 7394—2017 中，管道系统包括上游、中游、下游的管道。

仅从长输管道、管道、管道系统的定义分析，管道系统包括管道，而长输管道是管道的一种类型，其定义关注的侧重点不同。区分三者定义后，则能够清晰地定义输油管道、输气管道等，避免用不确定的定义来定义管道名称。如《埋地钢质管道风险评估方法》（GB/T 27512—2011），以“长输管道”定义输油管道，即“输送原油、成品油的长输管道”的定义显然不妥。因此，需要将油气管道行业长输管道与管道的定义统一，明确管道系统所涵盖的范围。

在现行标准中，有关“管网”的定义也不统一，主要问题是：将管网限制在一定区域，这不符合长输管道互联互通成网、区域范围广的特征。同样，输气管网、输油管网、输油管道、输气管道、干线、支线、配管等名称也需要再区分，应在定义长输管道、管道、管道系统的基础上进行统一及规范化。

二、长输管道的分类

（1）按材料性质分类。分为金属管道和非金属管道；

（2）按设计压力分级。可分为真空管道（$p<0$）、低压管道（$0\leqslant p\leqslant 1.6$）、中压管道（$1.6<p\leqslant 10$）、高压管道（$10<p\leqslant 100$）和超高压管道（$p>100$），$p$ 为压强，单位为 MPa；

（3）按输送温度分类。低温管道、常温管道、中温管道和高温管道；

（4）按输送介质的性质分类。给排水管道、压缩空气管道、氢气管道、氧气管道、乙炔管道、热力管道、燃气管道、燃油管道、剧毒流体管道、有毒流体管道、酸碱管道、锅炉管道、制冷管道、净化纯气管道、纯水管道。下面主要讲燃气（输气）管道。

三、长输管道的特点

长输管道作为重要运输行业中的运输系统之一，是一个单独系统，较之铁路、公路、海运、民用航空等其他运输系统具有以下主要特点：

（1）介质流动性。一般而言，长输管道内部光滑，摩阻力减少，管道与所输送的介质是相对流动的。

（2）固定性。长输管道通常多埋于地下，除管道施工改造、管道新线路敷设等原因会发生位移外，一般情况下长输管道是相对固定的。

（3）连续性。长输管道一旦建成、投产，除非发生第三方破坏或地震、洪水、泥石流、滑坡等自然灾害，正常情况下是不会中断的，保持连续运行。

（4）危险性。长输管道直径较大，管道内压力较高，连续运行中的管道对地面建（构）筑物或附近区域场所长期构成一定威胁，存在潜在的危险性，尤其是天然气、煤气等易燃气体管道，带来的威胁程度更强，造成的危险性更大。

（5）安定性。埋地铺设是长输管道主要布置形式，多采取直埋的方式，除非遇到特殊情况而需要改线之外，一般均为地下敷设，其余情况下均不会改线。

四、长输管道的事故类型及原因分析

因长输管道失效引发的主要事故类型包括：管道变形、断裂、泄漏、火灾、爆炸。导致管道失效的原因主要有以下几种：第三方破坏、管道工程施工及材料缺陷、腐蚀、地面运动、阀操作以及泥石流、山体滑坡、地震、海啸等不可抗力因素。从国内外长输管道事故的原因统计来看，第三方破坏、管道工程施工及材料缺陷、腐蚀是造成管道失效的主要原因，这也是世界公认的三大“杀手”。对于长输管道来说，除了以上原因之外，建设工程与长输管道交叉施工存在的缺陷也是导致管道失效发生事故的重要原因。总体分析，主要缺陷表现在以下几个方面：

（1）工程施工地下管网信息不清晰。管道长期埋在地下，施工人员在进行施工前，由于缺乏与石油或天然气公司的沟通，对管道的埋深位置、管径、走向等信息不清楚，稍有不慎就会造成误挖，易引发施工事故，造成不良社会影响。

（2）工程施工安全距离未落实。现有法律法规规范对长输管道与建（构）筑物等之间的安全距离做了明确规定，由于施工安全距离不足，开挖施工易造成管道的损伤及施工机具材料对埋地管道的碾压破坏等。

（3）工程施工现场管理不到位。主要表现在：施工报批手续不完善；施工过程中施工人员管道保护的意识不强，麻痹大意，对管道的位置和施工程序了解不够；施工单位违规作业，不按规定使用专用机械，甚至野蛮施工，常常导致石油天然气管道和设施被破坏；土方开挖后管道长期暴露悬空，排水设施不完善，易造成管道发生塑性变形，从而使管道发生泄漏。

第二节　长输管道保护与监管安全法律法规

长输管道因其输送的石油、天然气等既是人们生活中的必需品，也是重要的能源战略物资，油气管道更是重要的基础能源设施。国内外对长输管道的保护和安全监管重视程度日益

加强,形成了一整套长输管道的安全法规体系。

一、我国长输管道安全法规体系

从我国的情况看,油气长输管道保护和安全监管法律法规尚不健全,近年来,我国逐步加强对油气长输管道保护和安全监管的立法工作,基本上形成了比较完善的安全法规体系。主要包括6个层次:

1. 法律

2010年颁布实施的《中华人民共和国石油天然气管道保护法》,是我国第一部保护特定设施的专门法律,是我国油气管道管理的主要法律。该法首次从法律角度规定了管道保护措施,明确了保护责任,也基本形成了国家、省、市、县四级政府主管保护工作,管道运行企业履行管道保护义务,政府和企业共同保护管道安全运行的管道管理体制。2014年12月1日施行的《安全生产法》关于油气管道安全监管的法律较为明确,是我国油气管道管理的相关法律。

2. 行政规章

如《国务院关于促进天然气协调稳定发展的若干意见》(国发〔2018〕31号)。

3. 部门规章

如《危险化学品输送管道安全管理规定》(国家安全生产监督管理总局令第43号),明确了我国危险化学品输送管道的安全管理要求。

4. 地方法规

如2014年10月1日起施行的《浙江省石油天然气管道建设和保护条例》;2009年颁布实施的《山东省石油天然气管道保护办法》(山东省人民政府第214号令),为管道保护工作提供了基本遵循。2019年3月1日《山东省石油天然气管道保护条例》正式实施,也成为国内第二个通过地方性立法保护石油天然气管道的省份,在山东省管道保护法制化进程中具有里程碑式意义。

5. 地方政府规章

如《省政府关于进一步加强石油天然气管道保护提升安全发展水平的意见》(苏政发〔2014〕135号),《淄博市人民政府办公厅关于进一步加强石油天然气管道安全保护监管的实施意见》(淄政办发〔2016〕4号)。

6. 标准规范

为加强对油气管道安全设计、施工和运行管理,我国先后发布了一系列标准(国家标准、行业标准、地方标准),还有企业自身制定的标准。

(1)国家标准

如《输油管道工程设计规范》(GB 50253—2003)、《输气管道工程设计规范》(GB 50251—2003)、《油气输送管道穿越工程设计规范》(GB 50423—2007)、《油气输送管道跨越工程设计规范》(GB 50459—2009)、《石油天然气工程设计防火规范》(GB 50183—2004)。

(2)行业标准

如《石油天然气管道安全规范》(SY 6168—2007)、《压力管道使用登记管理规则》(TSGD 5001—2009)、《压力管道定期检验规则长输(油气)管道》(TSGD 7003—2010)、《压力管道安装许可规则》(TSGD 3001—2009)等标准规范。

(3)地方标准

如2016年5月1日实施的《上海市石油天然气管道保护行政处罚裁量基准制度》;2018年7月6日颁布实施的《浙江省石油天然气管道保护安全评估技术导则》(DB33-T 2121—2018)。

(4)企业标准

如《健康、安全与环境管理体系——第1部分:规范》(中石油 Q/SY 1002.1—2013),《中国石油天然气集团公司石油工程技术服务企业及施工作业队伍资质管理规定》(中油工程字〔2006〕209号),《安全、环境与健康(HSE)管理体系》(中石化 Q/SHS 0001.1:2001)。

二、国外长输管道安全法规体系

下面以美国为例,简要介绍国外长输管道保护和监管安全法规体系的建立情况。

1. 美国管道安全法规

美国制定了完善的长输管道法律法规,以应对管道安全的新挑战。1968年《天然气管道安全法》授权运输部管理天然气管道以及液化天然气的运输、储存,1979年《危险液体管道安全法》授权运输部管理危险液体管道,这两部法律是美国长输管道的基本法律。为加强运输部对长输管道监察权,针对长输管道油气泄漏等重大事件的应急处置和协作,1988年和1992年制定了《管道安全再授权法案》和《管道安全法案》;1996年制定了《可靠的油气管道和安全伙伴关系法案》,建立管道最低安全标准和操作人员资格认证;2002年制定了《管道安全改进法案》,强制要求管道运营商实施完整性管理程序,在高后果区开展管道风险分析;2006年制定了《管道检验、保护、执法和安全法案》,授权交通运输部处理挖掘损坏管道问题,将预防第三方挖掘损坏管道提升到联邦一级水平;2011年制定《管道安全、监管和就业法案》,针对未准确提供管道地理信息、未设置"统一电话报警系统"、未及时报告管道事故以及未进行管道风险分析等问题提高对管道运营商违法处罚力度。

2. 美国管道安全监管机构

运输部(Department of Transportation,DOT)负责管道安全管理、制定管道安全的联邦规章,建立油气管道的设计、建设、运行、维护和应急的最低安全标准。运输部下籍的管道与危险材料安全管理局的管道安全办公室负责管道安全监管,包括跨州和跨国管道安全管理和检验工作,审查管道运营商事故报告和安全状况年度报告,针对违反管道安全法规的管道运营商进行处罚等。"9·11"事件后成立了国土安全部(Department of Homeland Security,DHS),负责管道保护,包括执行企业安全检查项目,促进管道公司和政府利益相关者沟通。《美国联邦规章(Code of Federal Regulation,CFR)》第49篇是"运输",涉及管道安全的是CFR49 Part 190、191、192、193、194、195和198。CFR190规定了管道安全计划和制定程序;CFR191规定了天然气管道运营商提交年度报告、事故报告和安全状况报告的要求;CFR192是联邦对气体管道的最低安全要求;CFR193 是联邦液化天然气设施的安全技术法规;CFR194 是陆地输油管道的应急计划;CFR195 规定了危险液体管道运营商提交年度报告、事故报告和安全状况报告的要求;CFR198 规定了州的管道安全项目批准规程。

3. 美国长输管道安全技术标准体系

美国推行行业协会标准优先的政策,由政府部门、生产者、用户、消费者和学者参与,协商制定推荐性行业标准。美国国家标准协会 ANSI 选择成熟、具有普遍重要意义的标准,经审核上升为国家标准,冠以 ANSI 标准代号。联邦法规第 49 篇《管道安全》如引用行业标准作为支持和依据,使其成为强制性法规。美国管道安全技术标准体系由美国机械工程师协会(American Society of Mechanical Engineers,ASME)、美国石油学会(American Petroleum Institute,API)、美国材料与试验协会(American Society for Testing Materials,ASTM)、美国腐蚀工程师学会(National Association of Corrosion Engineers,NACE)和美国焊接协会(American Welding Society,AWS)等协会标准组成。涵盖管材、设计、施工、腐蚀防护、运行控制、完整性、维护维修、线路管理等领域。研究美国长输管道标准体系组成,并与国内相关技术标准的对比分析,可为我国管道行业采用国际国外先进管道标准提供参考。

第三节　长输管道现状与发展趋势

一、长输管道现状

管道运输在我国兴起于 20 世纪 70 年代,目前已成为继铁路、公路、水运、航空之后的第五大运输手段,与其他运输形式相比具有许多优点,因此被越来越多的采用。管道输送石油、天然气,具有高效、低耗等优势,成为国民经济发展不可缺少的"血脉""生命线"。存量市场方面,据机构统计,全球在役油气长输管线总量约 3800 条,总长 196.13 万 km。在我国,对比"十三五"期间的实际建设规模,"十四五"油气长输管线具备广阔的成长空间。根据我国长输管道规划,至 2025 年年底,我国油气长输管线里程数将达到 24 万 km。2015—2025 年的十年间,我国累计将新增油气长输管线里程数为 12.8 万 km,其中"十三五"期间新增 5.7 万 km,"十四五"期间新增 7.1 万 km,如表 2-1 所示。

我国长输管道数据统计　　表 2-1

管道种类	油气长输管道规划里程(km)			油气长输管道规划新增里程(km)	
	2015 年	2020 年	2025 年	"十三五"期间	"十四五"期间
天然气管道	64000	104000	163000	40000	59000
成品油管道	21000	33000	40000	12000	7000
原油管道	27000	32000	37000	5000	5000
总计	112000	169000	240000	57000	71000

如同其他工业技术的发展一样,石油、天然气管道的飞速发展,管网的不断延伸,加之石油、天然气管道具有高能高压、易燃易爆、有毒有害、连续作业、链长面广、环境复杂等特点,带来的工业事故也不断增多,造成大量人员伤亡。由于腐蚀、材料缺陷、外部操作失误、安装不当

等原因，石油、天然气管道在长期运营过程中可能会造成破裂、泄漏等事故，容易引起火灾、爆炸等恶性后果，特别是在人口稠密的地区，事故往往会造成严重的伤亡及重大的经济损失。

新疆克拉玛依—独山子原油管道，是中国首条油气长输管道。经过管道技术与建设工艺的迅猛发展，境内油气长输管道总里程逐年增大，包括原油、成品油、天然气等长输管道。

我国长输天然气管道建设，正处于摸索性前进阶段，“陕京一线”是我国首条真正意义上的长输天然气管道。随后西气东输管道工程投产建成，我国正以平均每年新增4000km管道里程的速度，以天然气产量年均增长12%的步伐，向新时代天然气工业格局迈进。近十年，天然气长输管道快速发展，天然气管道主干线初步形成，包括中贵线、中缅线、西气东输、川气东送等。

截至2017年底，我国长输天然气管道总里程达到7.7万km，其中，中国石油天然气股份有限公司(简称中国石油)所属管道占比约69%、中国石油化工股份有限公司(简称中国石化)占比约8%、中国海洋石油总公司(简称中国海油)占比约7%、其他公司占比约16%，干线管网总输气能力超过2800亿m^3/a。

2017年，我国新建成天然气管道主要包括中俄东线天然气管道试验段、陕京四线天然气管道(简称陕京四线)、西气东输三线天然气管道(简称西三线)中卫—靖边联络线以及如东—海门—崇明岛、长沙—浏阳、兰州—定西等天然气管道，长度超过2000km。

天然气“十三五”规划提出，2020年中国干线管道总里程将达到10.4万km，而在2018年底，我国天然气长输管道总里程近7.6万km。海气登陆与北气南下等全国油气管线网络逐渐完善，油气供应格局覆盖全国且纵贯南北。

我国进口天然气管道陆续开通，国家基干管网基本形成，部分区域性天然气管网逐步完善，非常规天然气管道蓬勃发展，“西气东输、北气南下、海气登陆、就近外供”的供气格局已经形成，互联互通相关工作正在全面开展。

近几十年天然气消费量迅速增长，天然气领域的投入和天然气储量、产量和贸易量也呈迅速增长态势，并显示出继续增长的巨大潜力；可以说，天然气在世界能源多元化过程中起到重要作用。据国际能源机构统计预测，2003—2030年，世界天然气消费量的年平均增长率为2.1%，到2030年世界天然气消费量预计达到4.79万亿m^3。

伴随着天然气消费市场的不断扩大，新兴天然气供应区域也积极响应下游市场的要求，不断开发出储量惊人的天然气气源。而作为天然气主要运输方式的管道运输也顺势而发，开始长足发展。目前，世界上油气长输管道总长度已超200万km，其中天然气管道约占70%，达140万km；美国约为46万km，俄罗斯约为20多万km，分居世界前两位。

二、我国长输管道发展趋势

2017年5月，国家发展改革委、国家能源局联合印发《中长期油气管网规划》。其中指出，对天然气进口通道要坚持“通道多元、海陆并举、均衡发展”的原则，进一步巩固和完善西北、东北、西南和海上油气进口通道，2025年基本形成“海陆并重”的通道格局；要求2020年全国天然气长输管道长度达到10.4万km，2025年达到16.3万km，预计2030年将超过20.0万km，并形成“主干互联、区域成网”的全国天然气基础网络；要求加快东北、华北等地区地下储气库建设，到2025年实现地下储气库工作气量达到300亿m^3，预计2030年将超过400亿m^3。该规划指明了我国天然气管网发展方向，进一步明确了天然气管道和储气库的建设目标。

未来一段时间内，我国油气管道发展将呈现以下特点：

1. 干线管道互联互通

目前，中国石油、中国石化、中国海油等各管输企业所属管道相对独立，互联互通力度不足，企业间应急保供能力相对较差。为贯彻落实关于“北方地区清洁取暖”有关指示精神，国家能源局提出加强全国天然气管网、接收站、储气库等基础设施互联互通，以及提高油气特别是北方地区冬季油气供应保障能力的要求，并于2017年8月将广东省管网鳌头分输站向西二线广州末站反输改造工程列为冬季油气保供的国家重大工程。

2017年9月起，中国石油相关单位与广东省管网公司开始对相关设施进行改造，并于2017年12月9日实现了从西二线向广东省管网转供，气量达425万m^3/d；16日实现了从广东省管网向西二线反输供应，气量达500万m^3/d。广东省管网鳌头分输站与西二线广州末站互联，实现了中国石油管道气、中国海油海上采气、LNG多种资源的互联互通，提高了珠三角地区天然气管网互联互通和应急保障能力。

2018年2月8日，国家发展和改革委印发《国家发展改革委关于加快推进2018年天然气基础设施互联互通重点工程有关事项的通知》，要求对陕京四线增压工程、广西LNG接收站与中缅天然气管道联通项目、蒙西煤制气管道、鄂—安—沧天然气管道等10个天然气基础设施互联互通项目加快建设进度，确保各项目按期投产，强化国内天然气互联互通串换能力，提升冬季天然气应急调峰能力。

2. 管径进一步增大，压力进一步提高，钢级进一步提升

未来天然气管道设计和建设过程中，扩大管径、提高压力和提升钢级是进一步提高天然气管道输送能力的发展趋势。从陕京一线管径660mm、设计压力6.4MPa、管材X60，到西一线管径1016mm、设计压力10MPa、管材X70，再到西二线、西三线管径1219mm、设计压力12MPa、管材X80，我国天然气管道行业在过去20年取得了显著的发展成就。

2015年10月，在我国新疆哈密市建成了亚洲第一个管道断裂控制试验场；2015年12月成功开展了管径1422mm、管材X80直缝管爆破试验；2016年11月成功开展了管径1422mm、管材X80螺旋管爆破试验；2016年12月成功开展管径1219mm、管材X90钢管全尺寸爆破试验。在建的中俄东线天然气管道采用了管径1422mm、压力12MPa的工艺方案（试验段已完成建设）。

俄罗斯新建巴法连科—乌恰天然气管道设计压力11.8MPa、管径1422mm、材质X80，输气能力达580亿m^3/a；美国规划的阿拉斯加—加拿大阿尔伯达的天然气管道设计压力17.2MPa、管径1219mm、材质X80、输气能力达450亿～590亿m^3/a。目前，我国正在进行超大输量天然气管道关键技术的可行性研究。

3. 关键设备和控制系统国产化

2009年，我国启动了干线天然气管道压缩机组和大型球阀等关键设备的国产化研究工

作。2013 年 5 月,我国首套 20MW 电驱压缩机组在西二线高陵压气站建成投运;2016 年 9 月,首套国产 30MW 燃驱压缩机组于西三线烟墩压气站建成投运。2014 年正式启动了执行机构(电动、气液联动)、关键阀门(旋塞阀、止回阀、强制密封阀)、流量计(超声波、涡轮)等 5 大类 16 种管道设备国产化研发工作。

2017 年 5 月 26 日,中国石油西部管道公司烟墩作业区国产阀门试验场完成了 6 台国产 56" Class900 全焊接球阀工业性测试;2017 年 9 月 14 日,完成了国产 56" Class900 全焊接球阀对应国产执行机构的现场工业性试验;2017 年 6 月 15 日,完成了油气管道流量计国产化工业性试验的现场验收。

2014 年 7 月,国产 RTU(远程终端单元)阀室 PLC(可编程控制器)控制系统在呼和浩特—包头—鄂尔多斯成品油管道首次使用。2017 年 10 月 30 日,中国石油管道公司国产 SCADA(数据采集与监视控制)系统即 PCS(过程控制系统)通过专家验收。这些一系列天然气管道关键设备和控制系统国产化成果的取得,标志着我国油气管道关键设备国产化进程又迈出坚实一步。

4. 开启智能管道建设新征程

继 2003 年在冀宁联络线天然气管道项目中首次提出数字化油气管道建设目标之后,目前,油气管道基本实现了“设计数字化、施工机械化、物采电子化、管理信息化”,完成了从传统管道向数字管道的转变。为进一步整合油气管道行业已取得的研究成果,计划在新建油气管道项目中,以中俄东线天然气管道作为试点,工程设计、施工将以“全数字化移交、全生命周期管理、全智能化运营”为目标,开启智能化管道建设新征程;并且,在已建油气管道项目中,选择中缅油气管道、中俄原油管道二线等项目按照智能化管道相关标准进行相关设施配置和功能升级。待新建、已建油气管道均实现智能化要求之后,我国油气管网将全面掀开智慧管网新篇章。

第三章　公路工程上跨油气长输管道安全防护技术研究综述

第一节　长输管道安全防护研究现状

油气长输管道作为原油、成品油与天然气的主要运输载体之一,在国家经济基础建设中扮演着非常重要的角色。近年来,随着我国油气长输管道发展加速,建设规模不断加大,建设速度不断加快,我国对油气长输管道的安全防护非常重视,做了大量工作,先后进行了一些研究,为我国油气管道和运输的安全发展起到了重要作用。主要研究内容包括以下几个方面:

一、风险分析研究

已开展了长输管道风险分析研究,将导致长输管道的风险归纳为 4 类,包括第三方破坏、腐蚀、设计和误操作。一般来说,与管道制造、装配和设备有关的失效因素在管道建成后就已经稳定存在,不会发生明显变化,考察的准确程度取决于所使用仪器的检出率,而与第三方破坏、误操作、自然外力有关的失效因素的出现有较大的随机性,同时也是导致管道事故的最主要原因。

二、安全监测研究

已有相关技术(如应力应变电测和超声导波检测技术等)应用在长输管道的安全监测上,但监测手段较为单一,监测数据相互独立,数据信息转换不完善,综合性不强,数据间关联性的分析不完备,缺乏智能平台对多元信息进行处理。国际上某些发达国家基于地理信息系统(Geographic Information System,GIS)和大数据智能信息化技术,已形成能有效监测地下水资源、地理信息等参数的综合平台,我国的重庆、厦门、武汉和珠海市也针对地下管线进行了信息化管理,但尚无专业平台完成对长输管道的综合预警监测。

三、应急救援研究

目前,在长输管道应急救援技术方面已有相关研究。该类研究越来越多地吸收信息技术、计算机技术以及其他相关领域内的先进理论,以提高应急工作的科学性和正确性,但仍缺少针对基础设施建设影响下长输管道事故的应急救援技术研究,并且应急资源优化方法尚不充足。然而,现阶段长输管道线路复杂、地理环境因素众多,基础设施建设快速发展,需要综合考量的因素具有多样化的特点,如何在这样的情况下,制订科学救援路线,选择合适的方案,难度比较大。

四、智能技术研究

随着技术的发展,人工智能逐渐成为加强管理的新手段。将 GIS、图像识别等技术应用于长输管道的监控,并且通过建立数学模型和数据库,实时分析天然气等输送气体扩散的数值模拟、三维空间泄漏扩散的时空演变过程,从而得到输送气体泄漏的影响范围、危险性质和程度的研究并不充足,能够实现监控平台智能化的研究更加缺乏。随着建筑信息模型(Building Information Modeling,BIM)技术的逐渐成熟,可将以上技术与 BIM 模型集成,实现安全隐患、泄漏事故的可视化和风险自动识别,进而及时消除隐患,为突发事件应急指挥决策提供辅助工具。

总体来看,尽管我国管道安全防护研究做了大量工作,开展了一系列研究,但是研究的领域和内容仍有很大的提升空间,如石油管道与建设工程交叉施工,或者说建设工程上跨施工对管道安全影响方面的研究则尚未见到。

目前,公路工程大量建设,路网规模不断扩大,尤其是公路工程跨越油气长输管道交叉施工已经严重威胁到管道的安全。一旦没有经过严格的周围环境分析就进行施工,极易损坏埋地管道,导致管道受损破裂,油气泄漏引发燃烧爆炸,油气长输管道安全性越来越受到全社会的关注。开展公路工程上跨油气长输管道安全防护技术研究,既是从本质安全上保障工程上跨管道施工安全,又一定程度上填补了我国管道安全防护研究的空白。

第二节　鄂咸高速公路工程项目简介

鄂咸高速公路起点位于鄂州市华容区赵咀村,止于黄石大冶市金牛镇南侧的余家畈,与已建的武汉城市圈环线高速公路黄石至咸宁段相接。路线全长 62.629km。全线采用设计速度 100km/h 高速公路标准建设,其中起点至长港段 16.93km 采用路基宽度 33.5m 的双向六车道高速公路标准建设;长港至终点段采用路基宽度 26m 的双向四车道高速公路标准建设。鄂咸高速公路是湖北省规划高速公路网中重要的组成部分,与黄鄂高速公路、武汉城市圈外环高速公路形成一条新的鄂东地区南北纵向大通道和省际快速出口公路,是串联武汉、鄂州、黄石、黄冈等地区众多临港新城和临港产业园的一条重要快速集疏运通道,也是连接鄂州市红莲湖旅游度假区、梧桐湖新区、大梁子湖生态文明示范区、黄石市域旅游区、咸宁市域旅游区、黄冈大别山旅游区等区域旅游资源的快速通道。项目建成后,可充分利用黄鄂公铁两用桥过江通道资源,为武汉新港核心港区、全国最大非金属矿产基地、梁子湖等生态旅游区的物流、客流集散及湖北沿江经济发展提供快速、便利和优良的交通环境。鄂咸高速公路的修建将加强城市圈(武汉、黄石、鄂州、黄冈、咸宁)的紧密联系,促进武汉城市圈东部外围城市经济社会发展,有利于推动武(汉)鄂(州)协同一体化发展,为鄂州"三城一化"建设提供交通支撑,对于贯彻落实长江经济带绿色发展战略,带动临港产业发展及促进大梁子湖生态圈旅游经济发展和完善湖北省高速公路骨架网具有重要意义。

鄂咸高速公路上跨油气管道多处,在高速公路建设尤其是一条在建高速公路上跨这么多的长输管道,历史上也不多见。总体来看,鄂咸高速公路上跨的长输油气管道具有以下特点:

(1)能源影响巨大。鄂咸高速公路上跨的4处油气管道,其中天然气西气东送管道2处,石油管道2处。川气东送管线,起点在四川省,止于上海市,全长近2400km。仪长线大武支线石油管道3处,起点为大冶输油站,终点为武汉输油站,全长约83km,是武汉石化主要供油管线。两条长输油气管道涉及沿线城市、村镇社区用气人口达到数千万人,用气企业上千家,是国家的重要能源运输通道。

(2)工程防护形式多样。全线多处管道的施工防护形式各异,如K56+926天然气管道采取搭设钢便桥、工字钢护桩与预制拼装混凝土盖板涵结合形式进行防护施工;K20+754.7天然气管道采用工字钢护桩、水泥搅拌桩与预制拼装混凝土盖板涵结合形式进行防护施工;HK0+1133.710仪长线大武支线处采用预制拼装混凝土盖板涵形式施工;仪长线大武支线K32+110处原油管道采用围堰开挖与预制拼装混凝土盖板涵工艺结合形式进行防护施工。

(3)周围环境复杂。项目全线上跨的石油、天然气长输管道施工交叉多达4处,有的施工点距离附近乡村村民居家不足500m,有的距离甚至更短,受影响的人数较多;有的施工位置直线距离城镇社区不远,居民宿舍楼房多,人口比较密集;有的施工位置甚至跨越水塘沟渠,地方乡村道路不通畅,施工交通不便。

第三节　公路工程上跨油气长输管道安全防护技术研究概况

基于鄂咸高速公路上跨油气长输管道的施工特点,湖北路桥集团与中国地大(武汉)工程学院合作开展了公路工程上跨油气长输管道安全防护技术研究。主要目的是在鄂咸高速公路建设项目开展工程上跨油气长输管道安全防护技术的研究与应用。

一、研究思路

1.风险致灾机理研究

运用系统科学的方法,实地考察在建公路工程上跨石油天然气长输管道施工状况,调研现行安全管理对策与方案。通过对多种风险评价方法的研究,提出基于“人-机-环-管”安全管理理论的事故分析方法,识别公路工程上跨石油天然气长输管道施工现场影响下的潜在危险因素,进行动态风险分析,并结合建立的FLAC3D有限元分析方法对事故后果的仿真模拟进行评估。利用事故机理研究以及风险分析结果,针对公路工程上跨石油天然气长输管道不同施工阶段风险,提出相应的风险管控措施,有效地辨识风险、控制风险、降低风险,进行全方位预防控制,指导现场安全施工,有效减少事故发生。

2.施工方案优化研究

基于公路工程上跨油气长输管道施工的工艺,分析管道在公路工程交叉施工影响下的事故演变过程,基于“人-机-环-管”控制理论,对开挖施工过程的破坏因素进行分析,实现风险链的甄别。然后利用安全科学相关理论方法,深入分析公路工程交叉施工对管道安全影响的复杂性,分析顶事件受基本事件不确定影响作用的变化规律。最后运用FLAC3D等有限元分析软件,研究致灾物相互作用关系,建立“管-土-挖掘机”的多场耦合空间分布关系,通过对“管-

土”及周边结构多场耦合分析,完善“管-土-挖掘机”的物理模型和相互作用的数学模型,并通过模拟结果得出“管-土-挖掘机”的多场耦合变化规律;通过这种规律下的研究结果对现场专项施工方案进行进一步优化,及时采取对应的防护措施,减少施工对管道产生扰动、振动或损坏的影响。

3. 监测预警优化研究

针对公路工程上跨油气长输管道施工过程中管道气体泄漏监测手段单一和不到位的问题,研究管道气体泄漏之后的扩散范围及浓度,优化现有的事故监测技术手段。针对挖掘机开挖管线周围土体过程中对管道施加集中荷载的问题,研究基于光纤光栅技术,监测管线的微小振动及变形情况,降低管道断裂事故发生的概率。最后研究在公路工程上跨油气长输管道施工影响下的基于多参数耦合作用的管道安全监测预警模型,对可能发生的灾害做出预警,采取相对应的控制措施,施工人员与管理人员对现场管道的安全状态随时掌握,保障公路施工上跨管道施工的安全,在很大程度上可以避免施工过程中管道气体泄漏甚至引发火灾爆炸事故的发生,并为应急救援技术的研究以及风险可视化模型的建立提供实时可靠的数据。

4. 应急救援优化研究

综合分析各种管道与施工相关的事故案例,基于风险致灾机理研究,对公路工程上跨管道施工不同阶段可能事故的影响进行分析,结合事故造成后果的严重程度进行评估;最后综合事故后果模拟评估结果,提出现场应急救援辅助决策指挥的优化方法措施。通过应急救援优化研究,指导施工单位优化应急资源和建设项目相应层级的应急预案和现场处置方案,强化建设项目与上级部门、社会救援力量的联动,提高公路工程上跨油气长输管道施工管道突发泄漏以及火灾爆炸事故的应急处置能力。

5. 智能化技术研究

通过整合管道和设备周围地理信息、管道和设备本身的空间信息及其图形信息、数据、应急信息等,建立基于 BIM 技术的风险可视化模型以实现对管道的监测、风险自动识别和应急救援辅助决策功能。通过对 BIM(基于模型的信息化管理)的二次开发,将监测数据实时地导入模型中,模拟整个施工过程管土的沉降、变形、应力情况,实现信息化、参数化的施工管理,并实现基于 BIM 的开挖施工风险可视化及场地布设模型应用。通过借助 BIM 技术搭建危险区域可视化模型,能够将传统的风险信息转化为实时可见的风险,填补了施工风险信息可视化监测的空白,这一风险管控可视化模型,便于施工场所安全管控。在此基础上利用互联网 + 、人工智能等高端技术,可实现对施工现场的全方位风险控制。

二、研究价值

1. 经济效益可观

我国经济社会进入高质量发展阶段,随着公路交通基础设施建设不断加快,公路工程建设进入快速发展时期,公路改扩建力度加大,与石油、天然气管道交叉施工日趋频繁。施工交叉处管道周边人类活动日益增多,管道高后果区长度不断增加,一旦施工不当,发生管道石油、天然气泄漏，继而引发火灾爆炸事故，会造成较大的直接经济损失。严重的是，一旦发生泄漏，引发火灾爆炸事故，建设施工将会停摆，如果处理不当还会引发社会问题，造成的损失更不好估量。更加严重的是，因事故被暂扣或吊销建筑施工企业的安全生产许可证，最终导致施工企业的经营活动停止，破产倒闭清算，这关系到企业的生死存亡。通过对公路工程上跨管道施工安全防护技术研究，旨在精准辨识潜在的安全风险，全面掌握工程施工不同阶段的管道风险状态，针对高风险的部位，采取相应措施对风险进行控制、隔离和消除，保障工程建设顺利进行，一方面工程本身的经济效益凸显；另一方面杜绝事故发生，避免事故造成的直接损失和间接损失，从一定意义上讲，对施工企业来说都是一笔非常可观的经济效益。

2. 工程行业可鉴

据了解，目前交通运输行业针对公路工程上跨油气长输管道施工安全防护研究尚未开展。针对公路工程上跨油气长输管道施工安全防护进行研究，针对性强，并且付之于实践运用，取得的经验，对于确保类似交通建设工程与石油、天然气管道交叉施工的本质安全具有很强的指导意义。同样，对于市政基础建设工程、水利水电建设工程、矿山建设工程以及其他行业建设工程与石油、天然气管道交叉施工安全防护也有着重要的借鉴意义。

3. 社会效益巨大

当前及今后很长一段时间，石油、天然气需求将不断增加，石油、天然气长输管道主要承担着石油、天然气输送的运输作用。下游城市、乡镇、商业企业、工业企业或居民点等用户众多，石油、天然气长输管道涉及民生问题。长输管道多为支干线，影响点多、面广、辐射区域大，已经成为城市管网的重要基础设施组成部分。公路工程上跨油气长输管道施工期间，一旦遭到破坏发生管道泄漏，就可能引发喷射云、气云燃烧和气云爆炸等冲击力非常强的火灾爆炸事故，不仅带来附近人员的人身伤亡、构筑物损毁等严重后果，而且一旦停止运行会影响下游的工业企业、商业企业和居民生活等供气、供油，涉及正常出行和日常生活等民生重大问题，影响城镇正常生活秩序，引起恐慌，社会影响非常大。因此，通过开展公路工程上跨油气长输管道施工安全防护技术研究，以便采取科学预防措施，确保施工过程中供油、供气不中断，促进区域经济社会的高质量发展，为经济社会的转型发展提供安全保障。

三、应用实践成果

基于上述研究思路，我们着重从风险致灾机理、施工方案优化、监测预警优化、应急救援优化和智能化技术 5 个层面开展了研究，并将研究成果在鄂咸高速公路建设项目进行应用，形成如下应用实践成果：

（1）施工工法 1 篇（详见第五章）。选择鄂咸高速公路 HK0 + 1133.710 处上跨仪长线大武支线石油管道施工在该高速公路上跨管道的应用实例，在实勘调研的基础上编制了公路工程上跨油气长输管道装配式通道（涵洞）防护施工工法，对该高速公路其他上跨油气长输管道具有指导意义，在交通建设行业类似工程跨越油气管道防护施工具备推广价值。

（2）专项施工方案 3 篇（详见第五章）。选择鄂咸高速公路 K32 + 100、K20 + 754.7 和 K56 + 962 处上跨石油长输管道施工，在优化安全风险辨识和安全保障措施的基础上编制了专项施工方案。三处上跨石油天然气长输管道类型全面,施工结构类型具有通用性,施工作业环境条件各异,具有典型意义。

(3)应急救援预案3篇(详见第六章)。从建设项目的应急救援角度出发,在优化应急救援措施的基础上编制了鄂咸高速公路项目公司、施工项目部两级应急救援预案[鄂咸高速公路上跨油气长输管道应急救援预案(项目公司)、鄂咸高速公路上跨油气长输管道专项应急救援预案(项目部)、鄂咸高速公路上跨油气长输管道现场处置方案],形成建设单位应急救援预案、施工应急救援预案、现场处置方案为一体的鄂咸高速公路建设项目上跨油气长输管道应急救援预案体系。

(4)可视化模型应用——基于BIM技术的开挖施工安全风险和基于风险的施工场地布设可视化模型应用(详见第七章)。通过鄂咸高速公路工程上跨油气管道施工实例,应用BIM技术的二次开发,并在BIM技术支持下生成开挖施工安全风险可视化模型,并设计出基于风险的施工场地布设可视化模型,指导现场施工安全防护和安全管理。

通过施工工艺技术、应急救援和基于BIM技术的开挖施工安全风险可视化以及基于风险的施工场地布设可视化的模型应用等实践成果,从工程专项施工方案、现场信息化管理、应急救援等方面保障了油气长输管道在公路施工影响下的本质安全,也验证了开展公路工程跨越油气长输管道安全防护技术研究在高速公路工程建设中的应用价值,扩宽了在工程建设领域的应用范围。

第四章　公路工程上跨油气长输管道安全防护相关风险控制技术

第一节　FLAC3D 有限元仿真模拟技术

基于 FLAC3D 计算机仿真技术，识别出施工开挖不同阶段的风险因素，完成公路工程上跨管道施工重大事故机理分析。

一、FLAC3D 的基本原理

FLAC3D 有限元仿真模拟技术是通过内置语言 FISH 对变量或者函数进行定义的，其计算模式包括静力、动力、蠕变、渗流和温度等；FLAC3D 有限元仿真模拟技术还有丰富的结构单元模型，即由直线段和结构节点组成的线性结构单位，以及节点与三角组成的面状壳形结构单元。最终数值模拟的结果由数学模型和数值插值导出。

二、模型建立

基于公路工程上跨西气东输管线施工专项方案，构建有立柱与无立柱两种工况的仿真模型，如图 4-1 所示。模型的各种参数如下：油气管线外径 $D = 1$m，管线长度 77.8m，管线轴线倾角（管线与地表交角）为 1.7°，管线较低的一端距离顶部 1.15m。

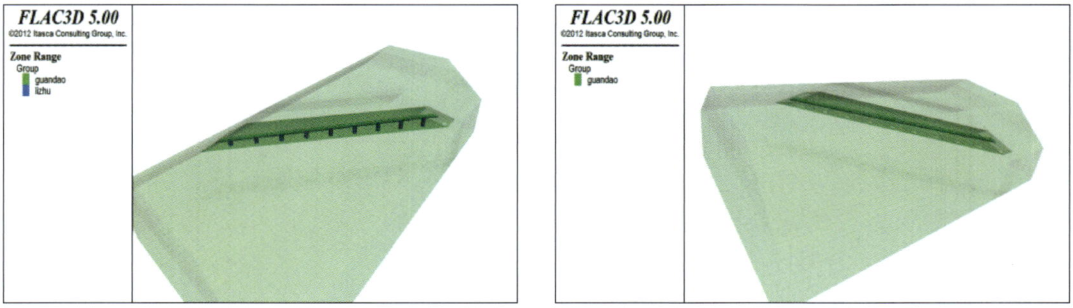

图 4-1　有立柱与无立柱两种工况模型

为了进行管线周围土体开挖并进行支护以减少施工以及公路运行后车辆对管线的应力破坏模拟，采用 3D 弹性有限元数值分析手段进行分析，计算分析前进行了一些必要的假定：

（1）土体为均匀的各向同性弹性体，采用三维 8 节点等参块体单元模拟；

(2)在土体开挖之前已经完成了在初始地应力平衡下土体自重作用产生的变形和应力;

(3)假定土体为各向同性的连续的弹塑性材料,并服从 Mohr-Coulomb 屈服准则;

(4)由于仅考虑土层受到的附加变形及应力,计算中不考虑土体自重产生的变形和应力;

(5)不考虑土体的时间效应。

三、模拟结果分析

在没有涵洞支护的情况下,由于交通荷载的作用,管线上部路面沉降和其他地方路面沉降大小一致,路面最大沉降位移为 9.75mm,此情况下管线受到的变形和因变形而产生的应力急剧增大。

在有涵洞支护的情况下,由于交通荷载的作用,管线上部路面沉降和其他地方路面沉降出现较大不同,在下部进行涵洞支护部分的上部路面在交通荷载作用下的沉降明显小于其他部位道路路面沉降,这是由于在涵洞支护作用下,管线周围刚度明显大于旁边路面的刚度,导致在相同荷载作用下出现不同的道路路面沉降。在涵洞支护条件下,路面最大沉降位移为 7mm,在无涵洞支护的其他路面,最大沉降位移为 10mm。由于该处涵洞属于浅埋式涵洞,因刚度不同而引起路面开裂的情况发生概率极低,因此可不做研究。

本书以鄂咸高速公路施工为例,途经鄂州、大冶两个县市,在 K56 + 926 处斜跨川气东送天然气管线。根据施工监测数据,管线材质为 X70 钢管,平均埋深为 3m。挖掘荷载作用在管线正上方,且管线上方没有附加的保护措施,管、土接触良好。为保护公路建成后管线绝对安全,施工方预先对该管线周围土体开挖并进行支护。

研究内容采用有限元分析(FEA)常用的 FLAC3D 软件进行模拟。土体选用 Mohr-Coulomb 模型,假定土体为各向同性的连续的弹塑性材料,并符合 Mohr-Coulomb 模型屈服准则,采用三维 8 节点等参块体单元模拟。计算参数的选取见表 4-1,表中弹性模量及泊松比根据实际土层土性加权取得,其他参数根据现场工程实际取值。

土体材料参数　　表 4-1

弹性模量(kPa)	泊　松　比	摩擦角(°)	黏聚力(kPa)	密度(kg/m^3)
30000	0.3	23.5	27500	1840

管线模型选择各向同性弹塑性模型,该模型服从 Von-Mises 屈服准则。本书选用实际施工现场 X70 钢管来分析挖掘荷载作用下埋地输气管线的变形、应力。管线的材料参数见表 4-2。

管线材料参数　　表 4-2

钢　　级	密度(kg/m^3)	弹性模量(GPa)	泊　松　比	屈服强度(MPa)
X70	7850	210	0.3	485

确定土体材料参数和管线材料参数之后,结合施工方案以及现场勘察(图 4-1)获取的数据进行计算机仿真模拟。

第二节　基于 BIM 的公路施工对埋地输气管道影响分析

一、公路施工破坏管道失效因素分析

查阅大量国内外管道第三方施工破坏的历史、现状及统计资料，施工过程中管道失效因素可划分为人、机、环境和管理 4 大类。“人”主要指施工现场人员，包括作业人员与管理人员；“机”主要指挖掘机及管道等物体因素；“环”一般指施工现场周围的自然环境；“管理”指管理制度与管理组织。

公路上跨埋地输气管道时需要在公路主体施工之前对管道进行开挖并支护，具有很强的目的性，因此施工方一般会在开挖前联系石化公司人员明确管道位置，且双方都会派专人在现场进行协商工作，管道被人和管理因素导致破坏的概率较小；由于开挖过程一般时间较短，环境因素对管道影响不大；因此挖掘机和管道等物体因素需要进行重点分析。

二、各阶段挖掘机-土体-管道力学模型分析

图 4-2 为基于现场施工经验构建的各阶段挖掘机-土体-管道受力分析模型。在管道周围土体未开挖阶段(阶段Ⅰ)，挖掘机自身静荷载作用下导致土体沉降，管道受土体的均布荷载变为非均匀分布，靠近挖掘机附近的荷载大于对侧，挖掘机距离管道距离 d 变化会对管道的变形产生影响；管道周围土体开挖阶段(阶段Ⅱ)，在挖掘机斗齿荷载作用下，管道上方土体沉降导致管道上部受力大于下部，易使管道出现非均匀变形而失效。开挖深度 h 也会对管道变形量产生影响；管道悬空阶段(阶段Ⅲ)，由于周围覆土被完全挖开，管道处于完全暴露状态。此时管道两端为弹性支撑，在均布荷载作用下极易产生形变，同时该悬空管段两端受轴向力、管道埋入段弯矩、悬空管段均布荷载作用而产生的剪力的共同作用。

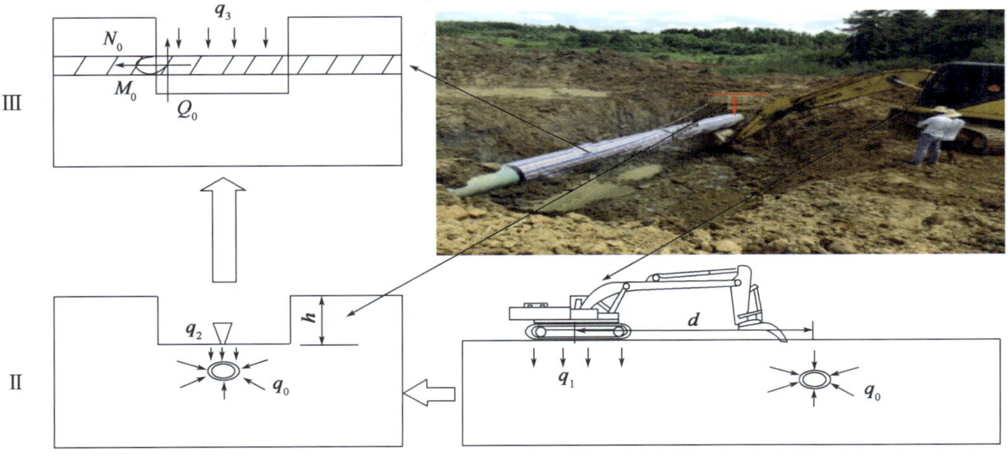

图 4-2　开挖各阶段挖掘机-土体-管道受力分析模型

三、开挖过程时空风险分析

在高速公路上跨埋地输气管道挖掘施工过程中，施工风险在不同阶段以及挖掘机具与管道相对位置发生变化时表现出不同的特点，具有强烈的时间与空间效应。例如，管道周围土体未开挖之前，挖掘机距离管道位置的改变，导致车辆静荷载发生变化，影响管道周围土体产生不均匀沉降，有可能使管道变形大于5%的最大设计容许变形；随着土方开挖深度的增大，基坑滑坡风险迅速增加且挖掘荷载过大会导致管道失效；管道完全暴露阶段，由于与空气或雨水长时间接触，会加大管道的腐蚀风险，管道完全悬空会产生几何非线性大变形，断裂风险增大。如果在施工之前就能够对管道的时空风险进行分析，提出相应控制措施，对减少人员伤亡及财产损失具有重要作用。

四、基于BIM的高速公路上跨埋地输气管道开挖模拟方法

BIM是指在整个建筑领域设计阶段用三维模型来代替传统的平面图纸、能同时展示几何与非几何信息的工程信息模型。FEA是利用数学近似方法对真实物理系统(几何和荷载工况)进行模拟。BIM和FEA各自具有其他软件无法替代的优势。

在REVIT软件内，导出的模型格式为REVITProject，在建模时根据项目实际施工方案以及现场勘测数据，构建土体、管道、挖掘机等各种类的族构件，并添加相应的几何信息及非几何信息。采用工程常规模型以拉伸的形式新建族构件，然后加载到项目中，形成最终的模型。为使BIM模型与其他软件输出结果进行有效的结合，并基于REVIT软件特性，将土体和管道的几何信息及其他非几何信息赋予到前面所构建的族构件当中。图4-3为BIM建模过程图。

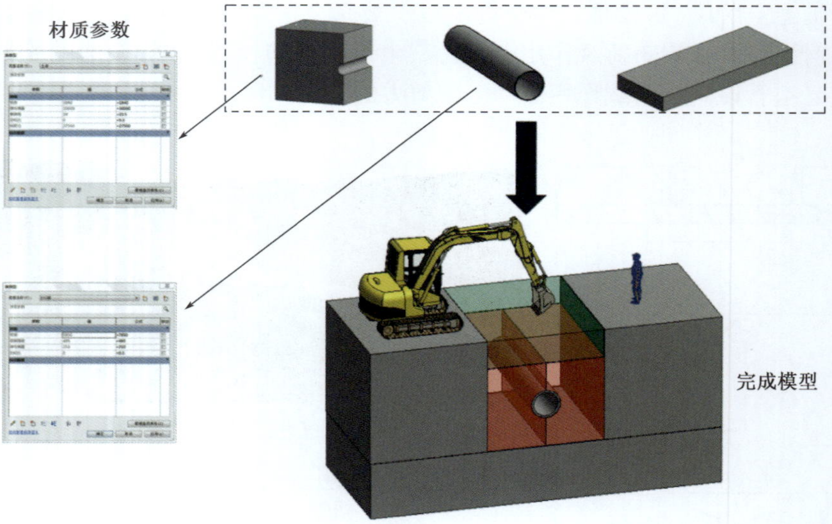

图4-3 BIM建模过程图

BIM技术近年来在国内外被广泛重视和普遍应用，由于BIM技术具有可视化的特性，因此可以通过将风险区域和风险等级的概念引入BIM平台中，实现风险区域的可视化。REVIT

作为国内 BIM 的主流软件，由 Autodesk 公司推出，具有良好的可开发特性，因此对 REVIT 进行二次开发的思路可以实现风险区域可视化的目标。

第三节　管线泄漏气体监测技术

通过搭建室内试验模型，可以综合监测上述泄漏气体的种类，气体扩散的范围以及气体的浓度等多个气体泄漏参数，并且监测数据可以在计算机屏幕上实时显示，方便现场施工人员及管理人员及时采取管控措施。

为有效说明有毒有害气体浓度监测系统的功能，设计了一组模型试验，采用 CO_2 气体模拟管线泄漏产生的有毒有害气体，取模型中各个监测点气体浓度值，以监测 CO_2 气体扩散情况。具体实施步骤如下。

一、现场施工破坏管线泄漏模型创建

构建某公路施工上跨长输天然气管线施工现场模型，简化模型尺寸为 1500mm × 700mm × 500mm，并用有机玻璃罩形成模型长方体密封扩散区域，实例如图 4-4、图 4-5 所示。其中活动插板用来模拟障碍物阻挡。底板材质为 ABS 塑料，边框、顶盖、活动插板材质为(PMMA)聚甲基丙烯酸甲酯(PMMA)，安装加工件材质为 ABS。

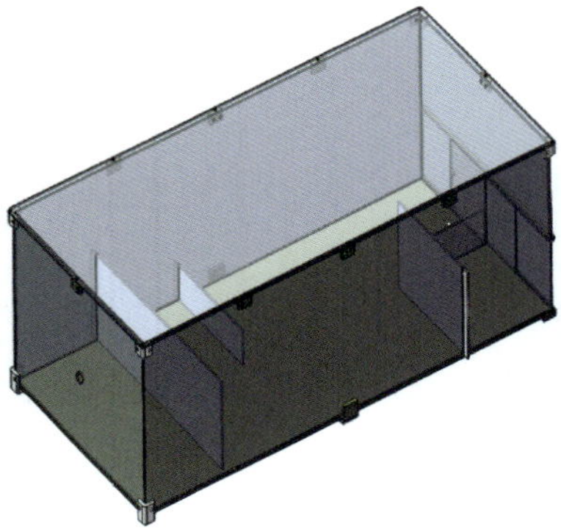

图 4-4　施工破坏管线泄漏模型概念图

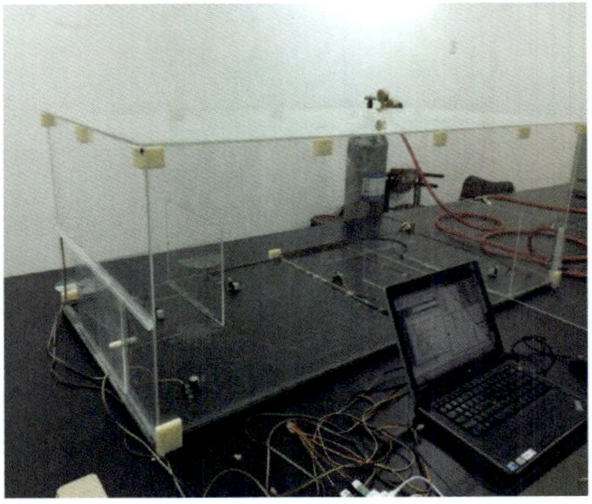

图 4-5　施工破坏管线泄漏模型实物图

二、CO_2 浓度监测模型试验

1. 试验装置构成(表 4-3，图 4-6 ~ 图 4-9)

试 验 装 置　　表 4-3

序号	设　　备	序号	设　　备
1	二氧化碳气瓶	4	流量计
2	减压阀	5	三通阀门
3	压力表	6	超低功耗二氧化碳浓度传感器

续上表

序号	设　备	序号	设　备
7	管线	9	试验箱
8	数据采集软件		

图 4-6　CO_2 输入口侧面

图 4-7　CO_2 输出口侧面

图 4-8　试验装置俯视图

图 4-9　试验装置主视图

2. 试验条件设置

气象：无风，常温 20℃。

气体参数：二氧化碳气瓶内纯度 99.995%，出口压力为 1 个大气压，流量为 0.3L/min。

二氧化碳浓度检测仪位置：0(17,14.5,0)、1(29.5,40,10)、2(44,13,0)、3(102.7,51.5,0)、4(68.2,39.5,0)、5(137,10.5,0)、6(130.3,46,0)

障碍物：以活动插板作为地下空间内部障碍物。

3. 试验步骤

(1)试验准备

在地下空间模型一侧拟采用二氧化碳气瓶供气，模拟一个 CO_2 产生源，并经压力阀、压力计和流量计后在模型装置一侧释放，记录气体在地下空间模型中的扩散情况，如图 4-10 所示。

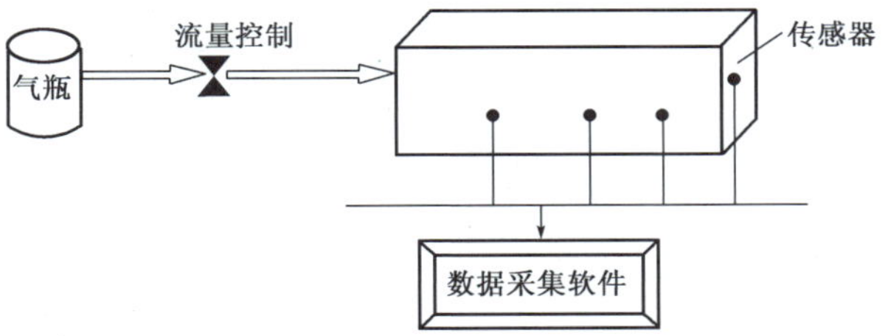

图 4-10　CO_2 浓度监测系统

在模型中选取 7 个位置安置二氧化碳浓度检测仪,用于记录二氧化碳浓度;传感器参数如表 4-4 所示。

超低功耗二氧化碳传感器技术参数　　表 4-4

总 体 性 能	
预热环境	<10s
工作环境	0℃ ~50℃(标准) -25℃ ~ +55℃(可扩展范围) 0~95% RH,非结露
储存温度	-30℃ ~ +70℃
CO_2 测量	
感测方式	非扩散红外光吸收技术 镀金光路专利技术 全固态光源和探测器专利技术
采样方式	气体扩散
测量范围	0~5%,0~20%,0~60%,0~100%
精确度	±70ppm +/-5% 读数
非线性度	<1% FS
压力依赖性	0.13% 读数每 mm Hg 在普通大气压下
工作压力范围	950mbar~1050mbar
响应时间	4s~2min(用户配置)每秒读数两次

试验中所包括的器材如图 4-11 ~ 图 4-18 所示。

图 4-11　超低功耗二氧化碳传感器

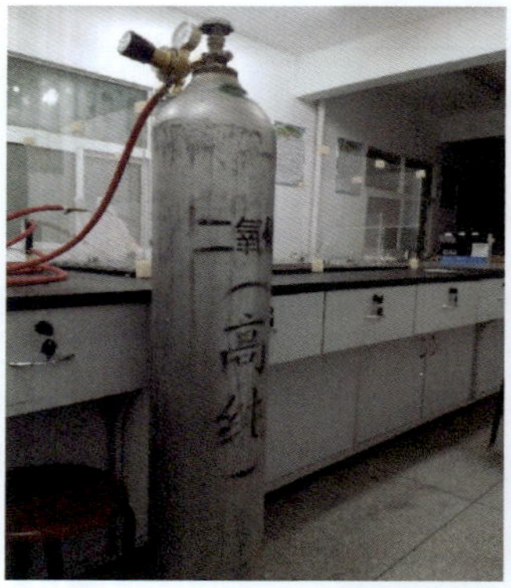

图 4-12　二氧化碳气瓶

图 4-13　减压阀

图 4-14　连接管线

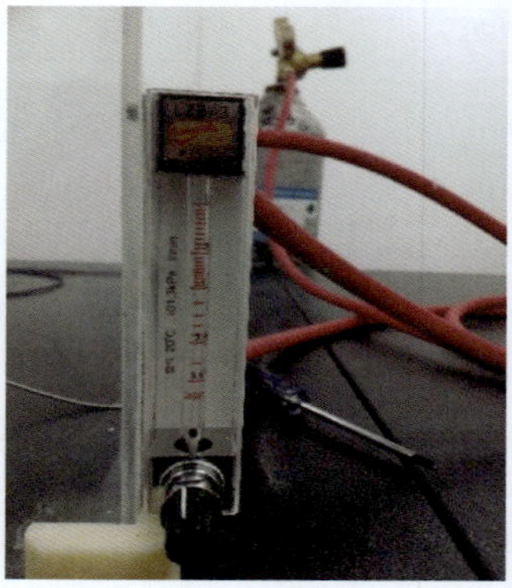

图 4-15　流量计

图 4-16　传感器

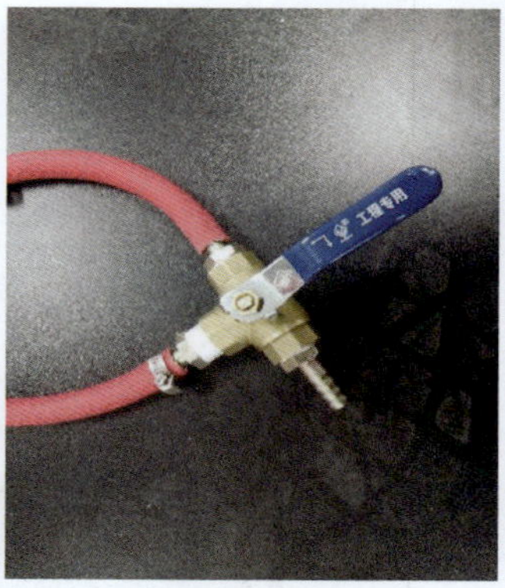

图 4-17　三通阀门

(2)试验实施

无风条件下气体泄漏扩散：在试验开始时，先测量并记录初始状态下，模型中每个位置二氧化碳浓度检测仪测得的二氧化碳浓度值；打开二氧化碳气瓶供气，以 1s 为间隔记录各时间点的气瓶压力、二氧化碳流量、各二氧化碳浓度检测仪的浓度值等数据。

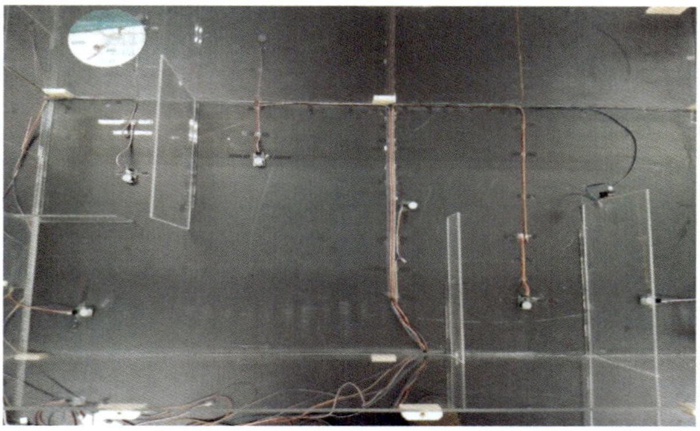

图 4-18　传感器走线

(3)数据处理

整理试验数据,获得各算例的风场风速、各时间点(含初始状态)的二氧化碳气瓶压力和二氧化碳流量、每个位置二氧化碳浓度检测仪测得的浓度值等数据。

4. 试验结果

试验中各二氧化碳浓度检测仪测得的浓度值数据如图 4-19 所示。

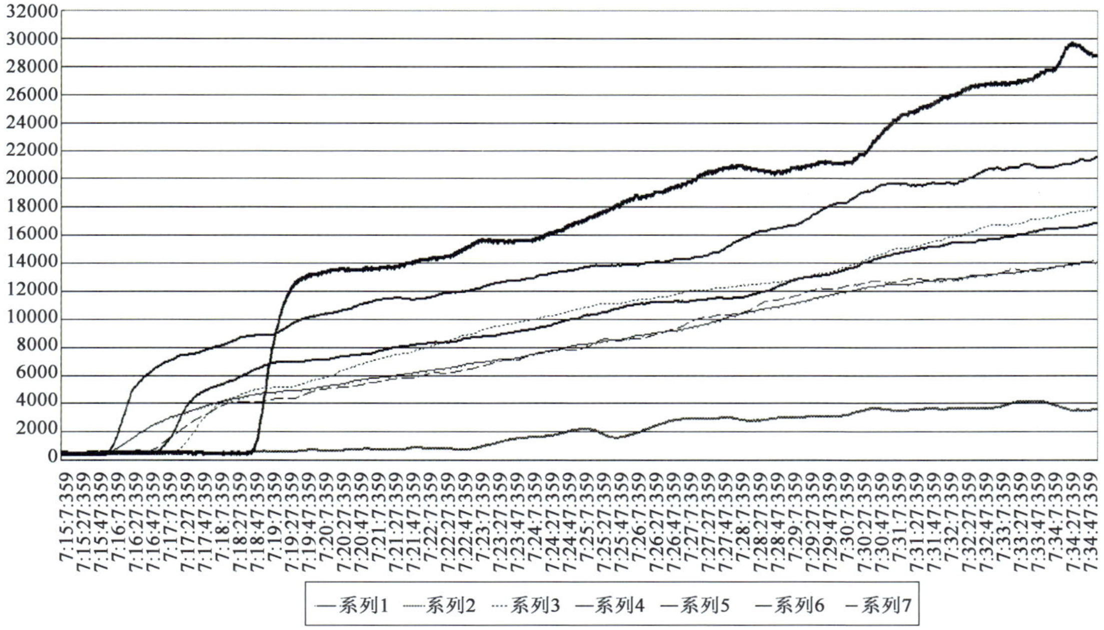

图 4-19　二氧化碳浓度检测仪测得的浓度变化

根据以上试验可以得出各监测点二氧化碳的浓度值,即在实际应用中该系统可以监测施工开挖过程中有毒有害气体浓度,当浓度大于安全阈值时,则及时发出警报,警告现场人员尽快撤离,以保证作业现场人员的安全健康。

第四节　管线振动变形监测技术

公路工程上跨长输管道施工过程中，管道在开挖后会形成一个基坑，而基坑边坡和危岩落石监测工程环境恶劣，边坡土质的酸碱性、雨水的酸碱性、阳光暴晒、高温高湿以及工程长期监测要求等因素对光纤传感器的性能提出新的要求。采用光纤光栅对施工过程中的管道振动及变形情况等管道的状态进行监测可以满足光纤传感器的性能要求。

一、光纤光栅监测原理

作为一种最新发展的光子元件，光纤光栅是光纤通过紫外光以及其他激光等的照射而形成一种具有空间周期性的折射率的栅格，该光栅改变了光在光纤中的传播形式；利用此原理的光纤传感器近年来研究的热点。目前，光纤布拉格光栅的应用最为广泛，其光栅的反射周期以及折射率的调制是固定已知的，光栅的波矢方向和光纤的轴向方向相同，是一种性能较为优越的窄带反射滤波器件，可实现准分布传感和测量，且具有较好的耐久性和较长的使用寿命。光纤光栅作为一种新型的智能传感元件与传统的传感器（如电阻应变式片、振弦式以及压电、电涡流等传感器）相比，由于自身的材料为二氧化硅，物理稳定性非常好。而且具有很多突出的优点：体积小、不会对结构特性产生显著影响；抗电磁干扰；具有很强的串联富接能力，可以实现准分布测量从而节省大量信号传输路线；耐久性好，寿命长；有良好的抗腐蚀能力。

二、管道振动变形监测试验

1. 试验名称

试验名称为 FBG 在管线上的振动变形试验。

2. 振动试验

（1）试验装置：试验布置如图 4-20 所示，两个裸光纤光栅分别沿管线轴向和环向粘贴。

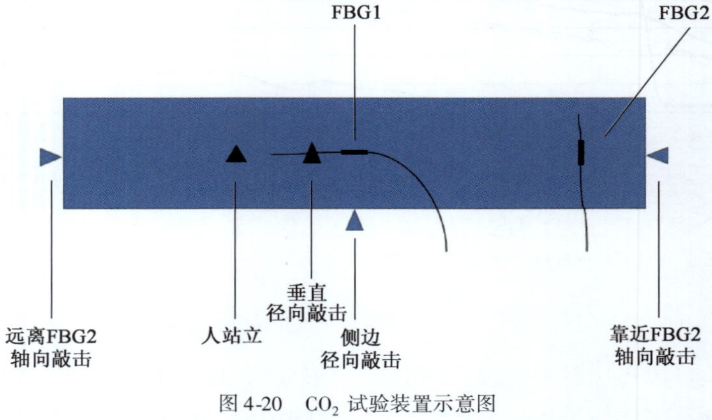

图 4-20　CO_2 试验装置示意图

（2）试验过程：此次光纤光栅共 2 个，分别记为 FBG1（轴向粘贴）、FBG2（环向粘贴）。管线管长 1200mm，管线外径 400mm，壁厚 12.7mm。解调仪为 MOI，频率 2000Hz。人为对管线进行锤击和加载，锤击和加载位置如图所示，实时记录下试验数据。

3. 试验结果

(1)靠近 FBG2 轴向敲击试验结果

使用橡胶锤敲击靠近 FBG2 管线侧壁，光纤光栅中心波长变化量与时间的关系如图 4-21 所示。

(2)远离 FBG2 轴向锤击试验结果

使用橡胶锤敲击远离 FBG2 管线侧壁，光纤光栅中心波长变化量与时间的关系如图 4-22 所示。

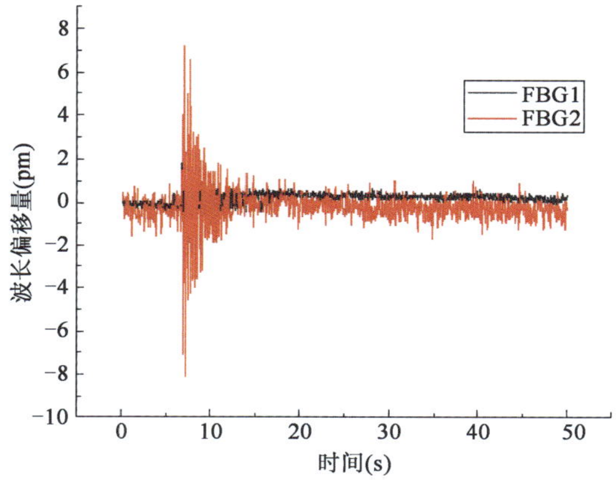

图 4-21　光纤光栅中心波长变化量与时间关系图

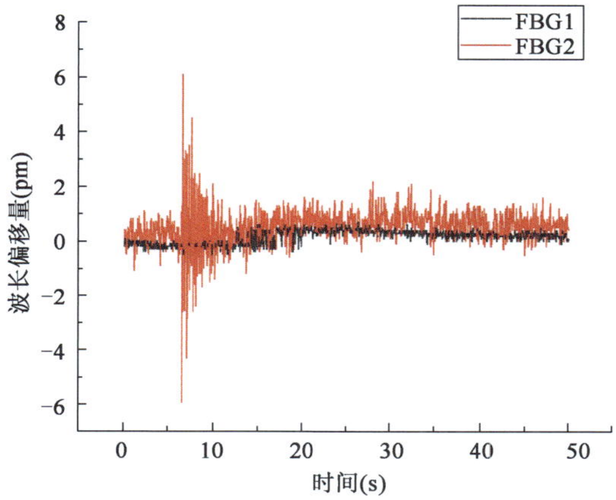

图 4-22　光纤光栅中心波长变化量与时间关系图

(3)侧向径向敲击试验结果

用橡胶锤敲击管线侧向，光纤光栅中心波长变化量与时间的关系如图 4-23 所示。

(4)垂直径向敲击试验

用橡胶锤垂直径向进行敲击，光纤光栅中心波长变化量与时间的关系如图 4-24 所示。

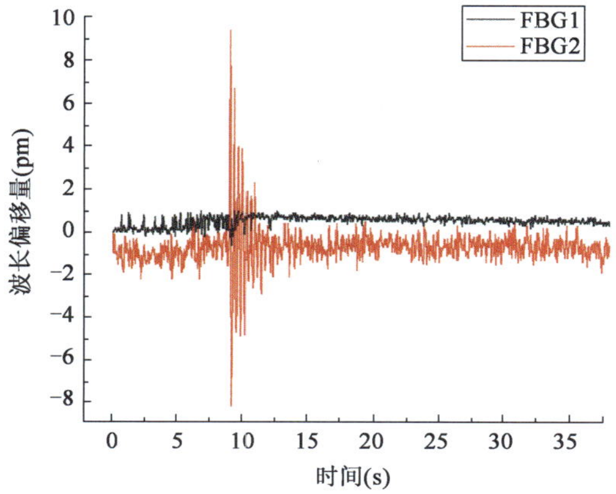

图 4-23　光纤光栅中心波长变化量与时间关系图

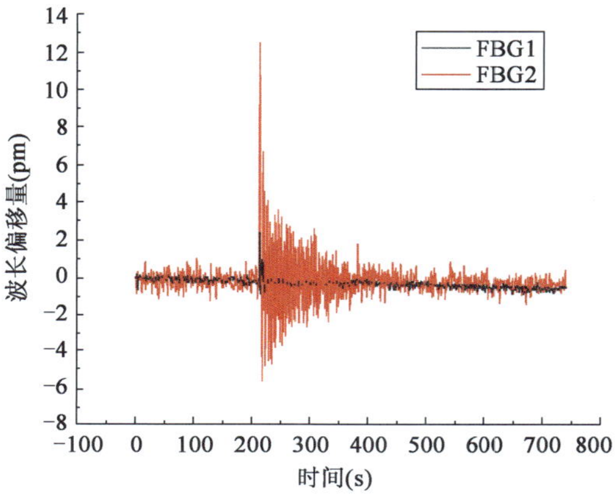

图 4-24　光纤光栅中心波长变化量与时间关系图

(5)人站立情况试验

人站立在管线中部,光纤光栅中心波长变化量与时间的关系如图4-25所示。

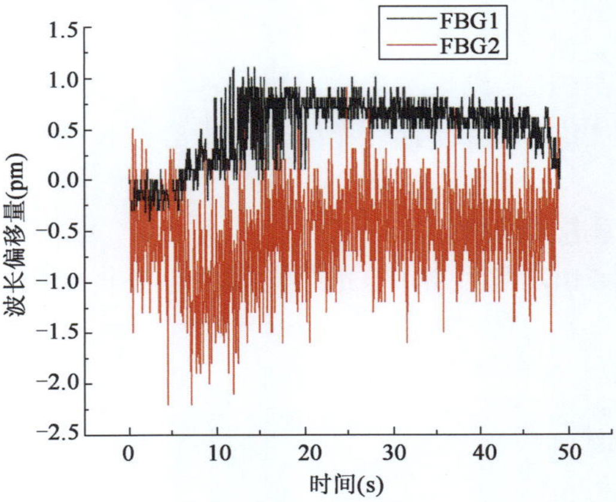

图4-25　光纤光栅中心波长变化量与时间关系图

(6)试验结果分析

由图4-21～图4-24可知,光纤光栅的粘贴方式不同对结果有较大的影响,在同样的试验条件下,FBG环向粘贴比轴向粘贴对振动较为灵敏,中心波长变化幅度大。因此在现场施工过程中,可以将FBG环向粘贴。由图4-25可知,在对管线施加一定的静荷载时,FBG中心波长有明显的数值变化,粘贴方式对结果影响不大,因此FBG也可监测在施工车辆及设备静荷载作用下管线的变形。

第五节　应急救援辅助决策指挥技术

一、长输管道应急救援辅助决策指挥系统

1. 构成

长输管道应急决策指挥系统是以三维空间决策支持技术(SDSS)为基础,SDSS能帮助决策者从大量信息中分析出空间特性、逻辑关系及层次结构,明确决策任务和目标,有效地生成各种解决问题的方案,研究和比较它们的利弊与矛盾,进而找出切实可行的解决办法,采取相应的措施与行动。SDSS的结构一般包括三个层次:系统支持层、控制层和应用层。系统支持层主要是为系统功能的实现提供数据支持、模型支持、方法支持以及知识支持,主要由数据库及其管理子系统、模型库及其管理子系统、知识库及其管理子系统和方法库及其管理子系统构成。系统主要功能应用层划分为震情会商、震害模拟、应急决策、应急指挥及信息反馈子系统。系统控制层设置了核心控制子系统(含信息的上传、下达与发布),主要负责对系统各部分的协调与控制功能,把系统支持层和系统应用层的各类数据进行综合处理,通过上传下达实现与上下级地震部门、市政府、市公共安全指挥中心、媒体公众、地震现场指挥部,以及系统各部分之间的数据交换。

通过对SDSS系统结构的分析,结合长输管道事故应急特点,修改控制层内容,将长输管道应急指挥系统结构分为:应用层、服务层、数据层,如图4-26所示。

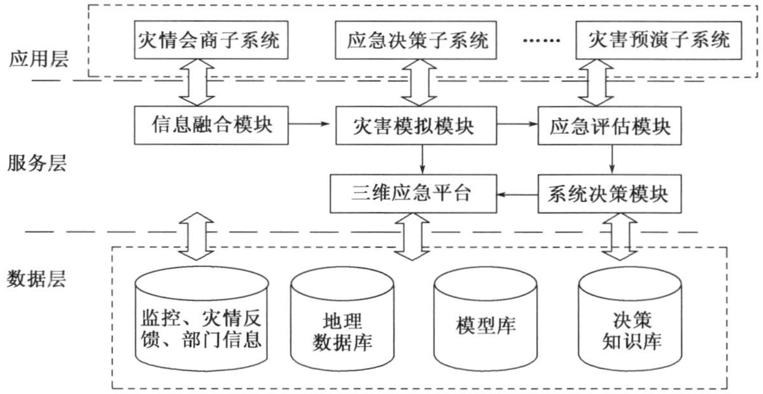

图4-26　系统层次结构

应用层是系统与用户的直接交流界面,根据应急的不同需要,向应用人员提供相关的功能支持。包括灾情会商、应急决策、应急指挥、应急预演、资源管理等子系统。

服务层是应急系统功能的主要实现者,协调数据层和应用层的信息交流和信息处理。服务层由基本的功能模块组成,模块相互协作,以完成应用层所要达成的目标,包括信息融合、灾害评估、系统决策、三维信息平台服务。服务层的各模块将向应用层提供具体的功能实现,如灾情模拟与评估、信息管理、专家决策模块等。

数据层主要是为系统功能的实现提供数据支持、模型支持、方法支持以及知识支持,主要由监控、灾情与部门信息、地理数据库、模型库、决策知识库管理系统构成;数据层是应急指挥系统的数据基础,用来存储应急过程的相关信息数据,如地理信息、气象信息、管道信息、事故灾害信息、专家知识、灾害模型等信息。数据层除数据外,还包括数据库管理系统,即数据库服务器。现有的数据服务器包括基于Windows的SQL SERVER,以及基于LINUX的INFORMIX、ORACLE等数据库管理软件,这些软件能提供高效的数据查询、数据存取、系统维护、网络传输等功能。

2. 功能特点

长输管道应急指挥决策系统的主要功能特点有:

(1)数据管理:数据管理是决策系统的基础,包括数据的输入和存取。数据的输入一方面来自SCADA自动监控数据,另一方面是手工输入数据,如现场气象、交通、消防、上级指示等信息。所有应急信息数据在进入数据库之前,都应进行数据融合处理,满足相应格式要求、一致性要求后才能被应急指挥决策使用。融合处理后的数据以及决策过程产生的数据,可以被指挥决策系统、应急决策机构使用。如事故伤害范围、人员伤亡程度、应急行动计划、行动资源配置等信息。

(2)事故形势评估:事故形势评估包括风险评估、应急行动效果和协调效果评估。经过事故形势评估可以获得事故危险范围、人员伤害程度、行动效果和组织间协调性等信息,为IC中心制定下一步行动计划、目标提供了直接的数据基础。

(3)应急计划资源规划:在事故发生后,决策系统应根据现场初始信息立即制定计划资源规划,包括应急通知、现场救援、人员转移等行动方案以及所需要的行动资源,提交IC中心决策。决策系统能根据现场出现的新情况变化,不断更新数据信息,制定新的计划资源规划。

(4)应急信息显示:长输管道应急指挥系统是基于三维可视化的平台软件,应急信息的有效表达能够帮助IC中心快速了解、分析现场状况。应急信息显示包括地形展示、气象风场分布、事故危险范围、交通、区域人员分布、行动单元位置等信息。

3. 意义

长输管道的应急指挥决策系统是为应急指挥机构提供数据分析、决策支持服务的工具,相当是应急指挥机构的另一位“专家”成员,它能够快速有效地处理大量的应急信息,能够在很短时间内给出合理的行动方案;通过对应急相关信息的融合处理,评估管道事故的发展态势,规划应急行动计划和所需资源,帮助决策机构快速高效地制定救援方案和行动目标,可以极大地提高应急指挥机构的决策指挥能力。

二、长输管道应急指挥体系的运行机制

长输管道应急指挥体系是一个动态、复杂系统,既包括平时的应急管理,也包括灾害过程中的应急指挥。应急指挥体系的运行机制首先要确立基本原则,为应急体系的构建确定方向和范围。另外,还要包括具体任务、体系框架,以及决策过程的细节。

1. 应急指挥构建原则与基本任务

(1)应急指挥构建原则

①快速决策、科学有序。长输管道事故具有巨大破坏性、危害性,任何犹豫不决或拖延决策都可能给人员或设施带来巨大的伤害和破坏。因此,事故发生后,应急指挥系统必须迅速而果断地做出战略抉择,做到第一时间警觉、第一时间判定、第一时间决策,在最短的时间内做出正确的判断,采取正确有效的措施,迅速调动人力、物力和财力实施救助。如立即组织在场人员抢救生命,在靠近事发现场的地方设立现场应急指挥中心;根据事态的发展向政府相关部门寻求必要的援助;迅速恢复和重新建立通信联络;尽快将现场情况、事件趋势、可能产生的后果以及应对措施和援助要求等报告指挥中心。科学有序就是对事故应急处理时要抓住主要矛盾,分清轻重缓急和先后顺序,集中精力抓好当务之急。应急管理行为的实施,必须依据一定的评估标准和优先秩序,确定现场控制及处理的工作程序。决策过程要注意科学性、技术性,多征求特定技术领域专家的意见,杜绝盲目蛮干。

②统筹规划、组织协调原则。应急体系应能够涵盖处置各类长输管道事故,任何方面的遗漏都有可能在遇到突发事件时暴露出来,并可能导致灾难性的后果。我们在构建应急指挥体系时,要根据管道所经地域特点和现状,统筹规划,从整个跨区域层面上建立起一套高效的功能综合体系,即以应急指挥中心统一、各相关部门和民间团体参与的应急管理,做到人流、物流、信息流、资金流互联互通、资源共享。在事故发生后,应急指挥体系中不同职能部门之间要实现协同运作,优化整合各种社会资源,以发挥整体功效,最大限度地减少事故损失。

③分级管理、统一指挥原则。根据长输管道事故的严重性、可控性、所需动用的资源、影响

范围等因素，启动相应的管理部门及应对预案，从应急指挥中心，到地方相关部门或单位，建立健全分级负责制。在指挥中心的领导下，统一指挥、组织协调，避免由于多头领导造成矛盾和混乱，耽误处理危机的最佳时机。另外，在对外联络与沟通方面，也要遵循统一指挥原则。应急管理机构要用一个声音通报事件情况，保持口径的一致性，避免由于口径不一致而在社会和民众中引发不信任情绪的被动局面。

④效率优先、灵活适度原则。长输管道事故发生后，往往会波及较大范围，这就要求应急指指挥体系抓住主要矛盾，集中力量，组织精干有效的救援队伍，实施有效救助。由于引发长输管道事故的因素很多，危机情势也往往扑朔迷离，因此，在构建应急体系进行危机决策时，必须遵循灵活适度的原则，具体情况具体分析，有针对性地采取应对措施，灵活调控，做到目标适度、手段适度、范围适度和进程适度，确保对事故的有效控制。

⑤信息化决策原则。应急指挥体系既要运行高效，也要决策科学、反应快速。但在应急反应的过程中，由于涉及应急决策、灾害评估模拟、资源优化等方面的技术，只有充分地接合现代信息技术的发展，才能充分、有效地实现应急目标。这些信息包括：地理信息技术（GIS）应用、灾害模拟软件、专家决策支持系统、5G 通信技术等。信息技术在应急指挥决策中应急的程度直接关系到应急体系的功能发挥，这一点已被众多事实说明。

（2）基本任务

①控制危险源。及时控制造成长输管道事故的危险源是应急救援的首要任务，只有及时控制住危险源，防止事故的继续扩展，才能及时、有效地进行救援。长输管道由于跨越空间广、地理复杂，特别对是在城市或人口稠密地区或附近，应急救援应尽快组织管道公司的工程抢险队与地方有关部门技术人员一起及时堵源，控制事故继续扩展。另一方面，由于长输管道事故造成的次生灾害，如周边建筑、地物的火灾也是应急救援的重要控制对象，以免引起更大范围的危害。

②抢救受害人员。长输管道一旦泄漏，由于介质的高危险性（易燃、易爆、含有毒硫化氢），加上气体的易扩散性，暴露于危险范围内人员极易受到严重伤害，因此，快速抢救受害人员是长输管道事故应急救援的重要任务。在应急救援行动中，及时、有序、有效地实施现场急救与安全转送伤员是降低伤亡率，减少事故损失的关键。

③指导群众防护，组织群众撤离。由于长输管道事故发生突然、扩散迅速、涉及范围广、危害大，应及时指导和组织管道附近区域内的群众采取各种措施进行自身防护，并向上风方向迅速撤离出危险区或可能受到危害的区域。在撤离过程中应积极组织群众开展自救和互救工作。

④做好现场清消，消除危害后果。对事故外逸的有毒有害物质或可能对人和环境继续造成危害的物质，应及时组织人员予以清除，消除危害后果，防止对人的继续危害和对环境的污染。

⑤查清事故原因，估算危害程度。事故发生后应及时调查事故的发生原因和事故性质，估算出事故的危害波及范围和危险程度，查明人员伤亡情况，做好事故调查。

2. 事故应急响应等级及机构职责

（1）事故应急响应等级

根据我国《国家安全生产事故灾难应急预案》要求，以及长输管道安全生产的特点，按照事故灾难的可控性、严重程度和影响范围，将长输管道事故应急响应级别分为Ⅰ级（特别重大事故）响应、Ⅱ级（重大事故）响应、Ⅲ级（较大事故）响应、Ⅳ级（一般事故）响应。

出现下列情况时启动Ⅰ级响应：管道设施发生特别重大气体泄漏、火灾、爆炸、中毒事故，已经严重危及周边社区、居民的生命财产安全，造成或可能造成30人以上死亡、或100人以上中毒、或疏散转移10万人以上、或1亿元以上直接经济损失、或特别重大社会影响，事故事态发展严重，且亟待外部力量应急救援等。

出现下列情况时启动Ⅱ级响应：管道设施发生重大气体泄漏、火灾、爆炸、中毒事故，已经危及周边社区、居民的生命财产安全，造成或可能造成10～29人死亡、或50～100人中毒、或5000万～10000万元直接经济损失、或重大社会影响等。

出现下列情况时启动Ⅲ级响应：管道设施发生较大油气泄漏、火灾、爆炸、中毒事故，已经危及周边社区、居民的生命财产安全，造成或可能造成3～9人死亡、或30～50人中毒、或直接经济损失较大、或较大社会影响等。

出现下列情况时启动Ⅳ级响应：管道设施发生气体泄漏、火灾、爆炸、中毒事故，已经危及周边社区、居民的生命财产安全，造成或可能造成3人以下死亡、或30人以下中毒、或一定社会影响等。

一般而言，发生Ⅰ级事故及险情，启动国家级别应急预案及以下各级预案。Ⅱ级及以下应急响应行动的组织实施由省级人民政府决定。地方各级人民政府根据事故灾难或险情的严重程度启动相应的应急预案，超出本级应急救援处置能力时，及时报请上一级应急救援指挥机构启动上一级应急预案实施救援。

（2）机构职责

长输管道应急指挥体系是基于我国《国家安全生产事故灾难应急预案》以及《陆上石油天然气储运事故灾难应急预案》的要求而构建的。由于长输管道事故的特点，其体系结构涉及国家、省、市县、非政府组织等多级部门。相关的主要部门及其相应责任为：

①国家相关部门：在国务院及国务院安委会统一领导下，应急管理部负责统一指导、协调事故灾难应急救援工作，国家安全生产应急救援指挥中心，具体承办有关工作。

②地方政府相关部门：按事故灾难等级和分级响应原则，由相应的地方人民政府组成现场应急救援指挥部，总指挥由地方人民政府负责人担任，全面负责应急救援指挥工作。按照有关规定由熟悉事故现场情况的有关领导具体负责现场救援指挥。现场应急救援指挥部负责指挥所有参与应急救援的队伍和人员实施应急救援，并及时向应急管理部门报告事故及救援情况，需要外部力量增援的，报应急管理部门协调，并说明需要的救援力量、救援装备等情况。

发生的事故灾难涉及多个领域、跨多个地区或影响特别重大时，由国务院安委会办公室或者国务院有关部门组织成立现场应急救援指挥部，负责应急救援协调指挥工作。

③管道公司：提供必要的应急救援装备。按照有关规定配备事故应急救援装备，根据企业集团、本地事故救援的需要和特点，建立特种专业队伍，储备有关特种装备；此外，管道事故应急救援队伍以企业的专业应急救援队伍为基础和重点，按照有关规定配备人员、装备，开展培训、演习；管道公司根据本地、本企业管道运输实际情况储备一定数量的常备应急救援物资；企业要按规定向公众和员工说明管道运输的危险性及发生事故可能造成的危害，广泛宣传应急救援有关法律法规和事故预防、避险、避灾、自救、互救的常识。

3. 应急指挥体系组织结构

合理的应急指挥体系组织结构是应急体系有效运行的根本，是应急体系运行的支撑骨架，它必须具有相当的可伸缩性、高度灵活性以及适应性，能够满足不同的管道事故应急要求。组织的结构和复杂性直接与它的控制过程的类型与复杂性相关，一个复杂的系统必须有一个复杂的控制机构，简单的控制机构不能有效地控制复杂的系统。在1980年，为解决具有复杂特性的危机管理，建立了有名的操作标准：事故指挥系统（ICS）。它提出了三层的指挥与控制结构，包括一个协议层来统一不同的角色，协调各组织结构之间的通信。其优点在于满足了不同时间刻度的要求。处于低层的组织行动在短时快速的时间刻度上，视野局部化、细节化；而顶层的组织行动于长时间尺度上，视野宽。ICS允许系统中既用反馈控制解决发展迅速、变化较快、局部化的情形，从而利用前馈控制制定系统的整体任务目标。

从前面系统科学性分析的结果来看，长输管道应急体系应能满足不同复杂条件下事故应急的要求，组织结构要科学合理，单一的层次集中结构不能应对长输管道事故的特点：高风险、多部门、跨区域；此外，还必须要全面考虑组织结构间的相互影响与作用以及系统的控制行为；必须能克服信息的丢失或“伪增”现象，应从体系结构上保证信息通信的完备性。

根据此要求，长输管道应急指挥体系采用层次结构模式的同时，确保组织机构的信息流通方式采用集中与分散结合模式。把与应急行动过程相关的、紧密联系的部门集中起来，它们之间实现全联通方式，可以相互交流通信，确保该行动的快速有效完成，亦即层次内实现全联结的方式。如负责现场人员撤离要能够随时联系交通、公安、医疗、运输、指挥中心等部门，与他们时刻保持联系，保证人员快速撤离，而不用通过现场指挥中心不断了解他们的情况再做决定。决策指挥层由于行政区域不同、上下关系不同、执行功能不同等，采取了层次结构的模式，以便有效快速地根据事故的发展情况，评估、判断、分析应急目标与应急水平。但在指挥过程中，指挥部可随时对现场行动下达命令；现场行动部门也可以随时向计划部门要求行动支援、向后勤保障部门要求人员或设备。此外，部门功能设置考虑了“计划、行动、监测、调整”的控制要求，确保应急体系能够满足长输管道事故不断变化的要求，现场形势分析与评估、危险控制与人员救援、行动计划决策都是整个应急过程中重要的环节。

长输管道事故指挥体系组织结构包括四个功能区：行动、计划、后勤、行政。事故应急指挥负责人（IC）全面管理整个事故应急指挥系统，指挥成员单位立即赶赴事故现场，协调各成员单位的抢险救援工作，及时向上级或有关单位报告事故和抢险救援进展情况。一般成立联合指挥组（UC），由国家、省、市各方的现场协调员（OSC）组成，如查事故应急要求，也包括地方政府的现场协调员，他们集体协调，共同决策。指挥部人员包括：公共信息员、应急安全员、联络员。

行动部门负责现场战术行动，以完成IC/UC所要求的应急救援目标。这些目标可能涉及：减少直接危险源、人员生命急救、财产保护、控制事故危害、恢复。如专业抢修队应提出事故现场管道的处置方案；在紧急状态下的现场抢险作业，及时控制油气介质，并根据油气介质的性质立即组织专用的防护用品及专用工具等。医疗急救应迅速提供调配所需药品和医疗器械；在现场附近的安全区域内设立临时医疗救护点，对受伤人员进行紧急救治并护送重伤人员至医院进一步治疗；负责统计伤亡人员情况。由于事故大小、类型、范围、复杂程度不一，行动部门会有消防、公共健康、检疫、应急医疗服务等机构参与。

计划部门负责事故形势信息的收集、评估以及传达,维护现场信息、形势预测信息以及资源分配状况。

后勤保障部门为长输管道事故应急指挥提供支持和服务,包括采购资源或场外调配资源。它也提供应急设备、交通工具,供应燃料、食品,为通信、应急人员医疗服务。事故危险严重时,应征用调集救灾车辆,组织抢险物资的供应和抢险人员的运送,统一调配物资供应,保证人员基本生活。

应急指挥体系组织结构图如图4-27所示。

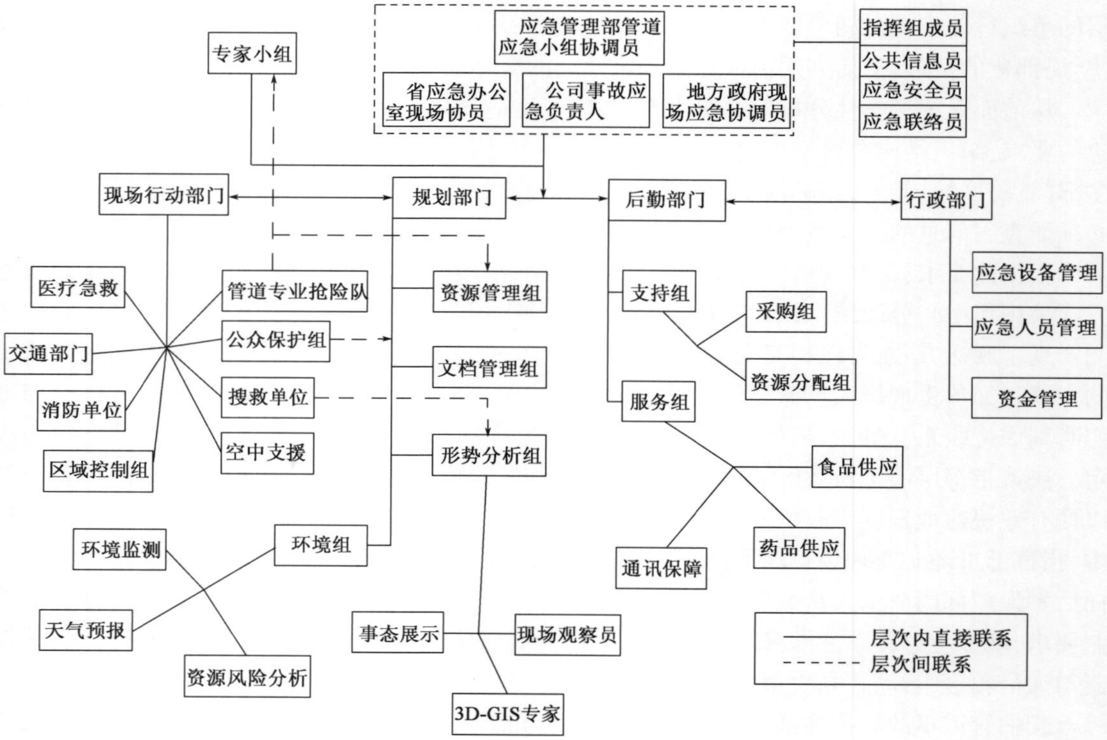

图4-27　应急指挥体系组织结构图

4. 应急行动决策流程

应急指挥是一场特殊的“抗击”长输管道事故的战争,其中每一个行动(人员救援、危险控制、人员撤离等)的制定既有指挥层的战略决策参与,有“参谋部”的战术策略谋划,也有行动部门具体的现场行动制定。决策流程必须高效、迅捷。整个过程涉及不同层次、不组织机构、不同功能单位的共同协商、相互配合,根据现场事故发展情况,不断调整战略目标、行动计划、战术策略,最后达到应急救援的目的。决策流程一般有五个主要阶段:(1)全面掌握事故现场情况;(2)根据现场的初步情况,建立事故应急目标和战略;(3)迅速制定具体的行动计划;(4)下达行动计划;(5)评估并修订行动计划。在事故应急反应的开始,指挥负责人或UC必须根据现场情况快速制定行动计划,这些现场信息可能是不完整的,但经过策划过程的不断协商和修订，可以制定出可行的行动计划。

初始事故简报由计划部门根据现场形势分析，向指挥部报告现场事故类型、危害大小与范围，应急优先目标、目前及下一步计划、相关应急机构、资源分析病况、应急设施等。指挥部根据简报信息评估应急行动的要求，决定新的参与机构、应急目标、应急要求。

指挥协商过程要重新确认应急等级、应急限制条件、优先任务目标、事故应急目标；重新向应急指挥部人员分配任务。行动部门根据现场行动进度向指挥部提供最新事故发展情况。计划部门根据现场形势分析提供最新事故情况、资源分配、设备投入等信息。

战术协商过程中，计划部门提供最新现场形势、资源状态；行动部门分析现在的行动进度、战略目标、战术策略以及需要的资源；指挥部分析现场潜在的风险，提出预防措施、个人保护措施，如应急人员呼吸器具、防护服等；后勤部门根据其他部门要求提供行动所需资源、通信保障等。

制订行动计划过程中，指挥部要确保应急目标的完成，根据现场情况提出进一步要求，批准应急战术策略；现场行动部门提供事故控制情况、人员救援信息，制订行动计划，包括行动战略战术、资源、组织结构等；计划部门提供现场形势分析；后勤部门提供后勤支持和服务状况以及各资源状态。

计划执行/评估过程中，指挥部监视事故应急过程，考虑最好的反应策略，评估决策结果、决策方向、优先目标；行动部门监视应急行动的战术目标，根据需要做出调整；计划部门制定或修订事故应急目标，并提供给指挥部；后勤部门评估后勤支持、服务效果，根据需要调整结构和程序；安全员监视现场行动，纠正不安全行动或计划，评估现场安全保护措施效果。

应急指挥决策流程图如图 4-28 所示。

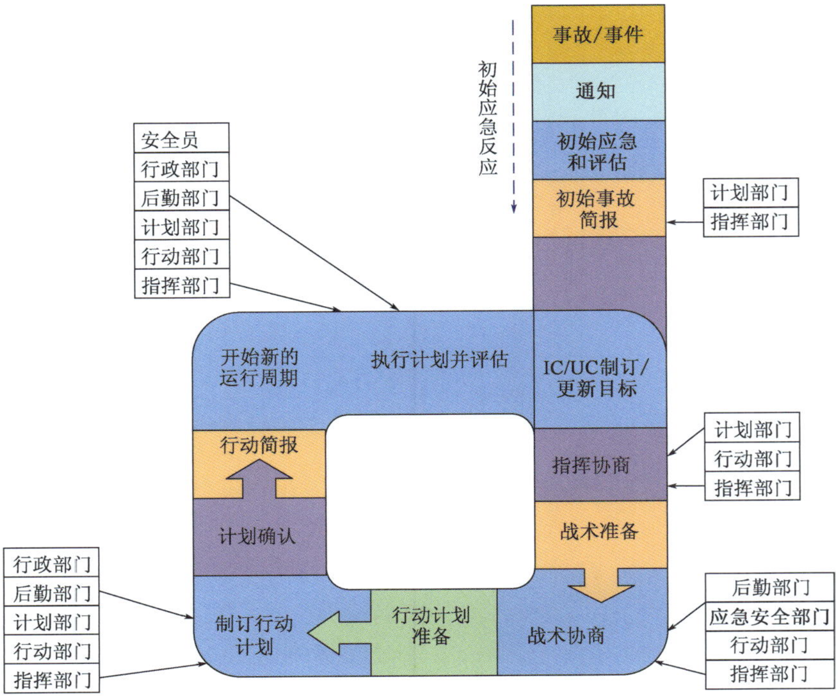

图 4-28　应急指挥决策流程图

下篇

实践篇

第五章 公路工程上跨油气长输管道防护施工工法与专项施工方案

第一节 公路工程上跨油气长输管道装配式通道（涵洞）防护施工工法

一、概述

公路工程施工对油气长输管道的安全影响比较大，施工过程中易造成油气管道周边区域变形，稍有不慎便会发生泄漏爆炸事故，不仅对管道本身、工程施工，而且对周围环境和居民都会带来巨大的破坏和损失。因此，根据地质条件选择合适的防护方式，保证油气长输管道安全的问题越来越迫切。随着新技术、新工艺、新材料的广泛应用，装配式通道（涵洞）防护施工在公路工程上跨油气长输管道施工中必将发挥着越来越重要的作用。

公路工程上跨油气长输管道装配式通道（涵洞）是一种先预制、后拼装的新型结构体系，承担风、霜、雨、雪、冰冻、高温、水流冲击等大自然环境和通行车辆荷载的双重作用，从根本上改善地基承载力和变形特征，有利于稳定路基姿态及既有线路结构安全，减少地面沉降，降低公路施工及运营对油气长输管道的影响。

二、工法特点

本工法具有以下特点：

（1）施工快捷方便。将预先集中预制好的通道（涵洞）墙身和盖板运输到现场，采用起重吊装的施工方法，在施工现场地基处理满足承载力要求的基础上，快速安装墙身及盖板；工序简化，有利于加快工程进度，大大缩短施工时间，提高施工效率。

（2）环保优势明显。与传统现浇施工相比，装配式通道（涵洞）主体施工不需要安装顶钢筋和模板，侧墙和盖板提前预制，几乎不需要搭设或少量搭设支架，能大量减少支架、现场钢筋、模板等材料加工和存放占地面积；同时能够在保证结构稳定的基础上减少混凝土使用量，有利于节约能源和环境保护，最大限度减少工程施工对周边环境的影响。

（3）结构安全稳定。装配式通道（涵洞）预留底板钢筋现场焊接完成后进行混凝土浇筑，与预制墙身、盖板、基础联成整体，在设计荷载的作用下，构造物具有足够的强度和整体稳定性，不会轻易发生构件（预制墙身、盖板）位移和变形；在自然环境中，构造物能够长期保持完好,不会轻易发生构件(预制墙身、盖板)的破坏和损伤。

三、适用范围

装配式通道(涵洞)为简支结构,对地基条件要求不高,不同的地质条件和周边环境都能满足,适用于公路工程上跨油气长输管道的防护施工。

四、工艺原理

公路工程上跨油气长输管道装配式通道(涵洞)作为主要由洞身、地基、端墙和翼墙等材料筑成的构造物,墙身及盖板先期预制完成,现场起重拼装,充分发挥钢筋混凝土的抗压、抗弯、抗剪性能,有效提升工程品质。

五、施工工艺流程及操作要点

1. 施工工艺流程

公路工程上跨油气长输管道装配式通道(涵洞)工艺流程如图 5-1 所示。

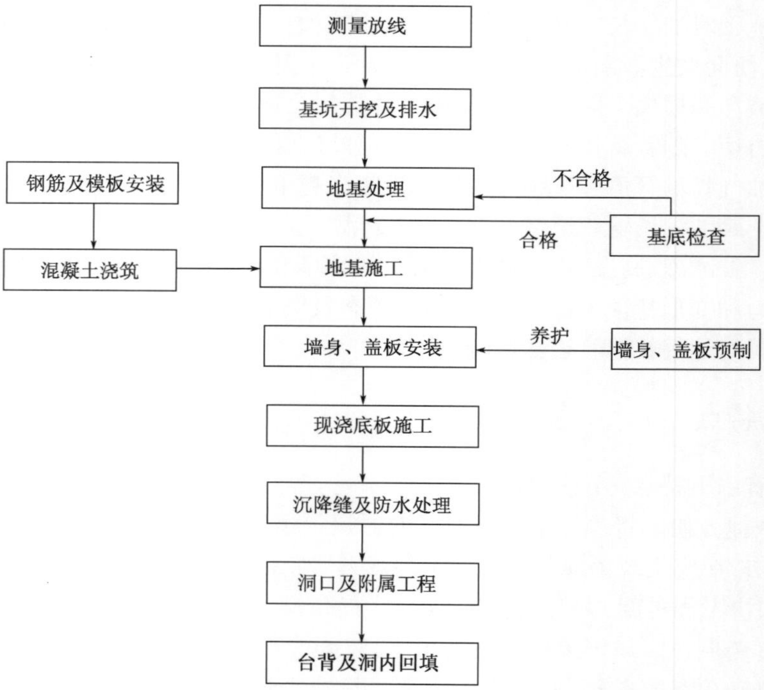

图 5-1　装配式通道(涵洞)工艺流程

2. 操作要点

(1)测量放样

基坑开挖前,先进行施工放样测量,首先准确定出通道中心位置及进出口方位,再确定开挖轮廓线和基坑开挖深度;同时准确定位出原油管道的位置并标记,基坑四周设置控制桩控制基坑方位、尺寸、高程。控制桩设在比较稳固的位置，防止毁坏，便于施工过程中进行复测。

（2）基坑开挖及排水

基坑开挖前先根据设计资料进行现场核对，复核其设计高程，复核涵洞能否满足涵洞的使用要求；如需变更设计，及时与监理、设计及建设单位变更设计，然后按变更设计规定进行施工。如果基坑地质为土质，开挖时采用人工配合挖掘机进行施工，土边坡采用0.75～1坡率进行开挖，石方采用0.2～0.5坡率进行开挖，同时考虑基坑底的作业宽度。开挖至距基底20cm时，由人工清理至设计高程。开挖的土石方应及时外运至指定位置。开挖完成后，进行地基承载力检验。如承载力达不到设计要求，应对基底进行处理。基坑内若出现渗水或积水，而且无法直接排除时，应配置抽水设备及时进行排水（图5-2）。

图5-2　现场开挖图

基坑开挖时还应准确定位管道位置，在管道附近位置严禁采用机械开挖，必须采用人工配合小型机具进行开挖，确保管道区域内的施工安全性。

（3）基础施工

①钢筋加工及安装

基础钢筋先在现场钢筋加工棚下料制作，人工运至现场。在安装、加固完基础模板后，即可在模内安放或绑扎钢筋。在钢筋与模板间设置砂浆垫块，保证混凝土保护层的厚度满足设计要求。钢筋安装过程中应保证支架的稳固，待基础钢筋安装完成后方可拆除保护的钢管脚手架，若钢筋安装过程中与脚手架冲突可适当挪动脚手架脚手（脚手架安装时应考虑富余安全系数）。

②模板安装及校验

基础模板采用大型组合钢模板，模板使用前用磨光机将模板表面锈迹清除干净。模板之间加塞海绵条以防止漏浆。拉杆选用ϕ14圆钢加工制作，拉杆间距应根据拉杆的强度、混凝土对模板的侧压力、模板的背楞强度、刚度计算而定。

③混凝土浇筑

混凝土采用混凝土运输搅拌罐车运输，运输过程中注意防止产生离析、泌水和灰浆流失现象。混凝土倾落高度大于2m时应采用溜管、溜槽或串筒输送。基础混凝土应以沉降缝为准间隔浇筑，保证安放沉降缝材料时，混凝土有足够的强度。混凝土振捣到位。应该在浇筑完成后对混凝土加土工布洒水养护，养护期不小于7d，每天浇水次数，以能使混凝土保持充分潮湿为度。

(4)墙身及盖板安装

墙身及盖板通过平板车运到施工现场,用汽车起重机配合人工进行安装。

①构件安装。安装侧墙前,应先放样,用墨线标记侧墙的安装位置;安装时,要注意与下部沉降缝的对应,务必保证起吊、旋转过程平稳。每一节洞身安装结束后,进行板位的精确调整,调整到位后方可进行下一节洞身安装。全部构件安装到位后仔细检查,切除吊环,最终达到结构平整、美观,且能安全传递荷载;同时避免构件边、角损坏,最终结构的洞身尺寸符合设计规范及图纸要求。

墙身及盖板安装时必须采用单侧安装,严禁将构件横跨管道进行安装(图5-3)。

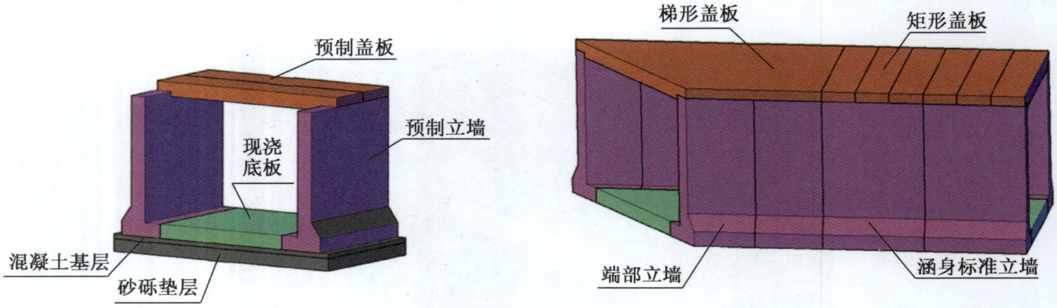

图5-3　涵洞安装施工图示

②管道保护。盖板及墙身安装时采用搭设钢管脚手架的方法对管道进行保护,防止吊装构件时磕碰管道,造成损坏。两侧采取直径48mm(壁厚3~5mm)钢管分别搭设双排脚手架,顶部用钢管将左右两排脚手架进行连接,形成门洞;双排脚手架立杆横向间距0.5m(可承受$1.5kN/m^2$,本工程吊重最大为20kN,按构件面积分布的支架受力为$0.85kN/m^2$,安全系数1.75),顶面采用双排横杆进行连接,增强整体稳定性(图5-4)。

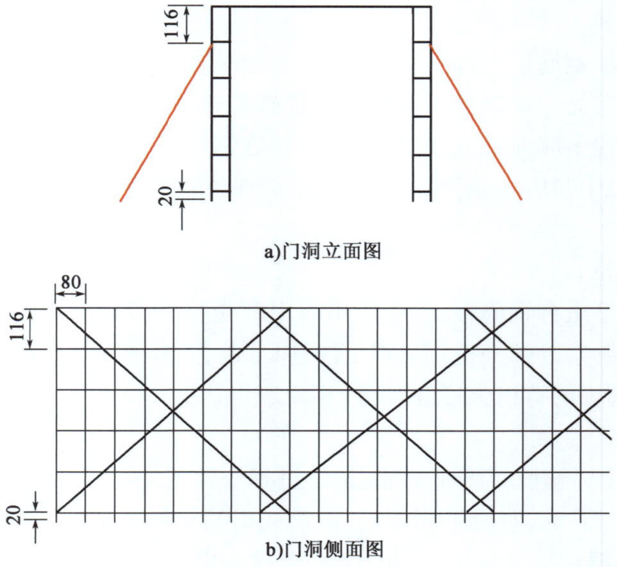

图5-4　门洞立面与侧面(尺寸单位:mm)

③水平支撑板及墙趾外后浇带浇筑。所有预制构件安装到位且检验合格后，立即连接基础的插筋与预制件的钢筋，然后进行水平支撑及墙趾外后浇条混凝土浇筑。水平支撑混凝土顶面与侧墙墙趾平齐，施工缝与基础施工缝对齐并上下贯通。

（5）现浇底板施工

预制墙身安装完成后，按设计要求将预制墙身预留底板钢筋进行绑扎和焊接。为保证天然气管道安全，在底板施工前要对管道进行严格支护，外露部分天然气管道还要用土工布包裹，支立模板、浇筑混凝土及拆除模板支架时特别注意不能碰撞天然气管道。

底板混凝土施工采用拌和站集中拌和，混凝土输送车运送，泵送入模。采用插入式振捣器振捣。浇筑完成后及时覆盖塑料布、土工布，并浇水养护。注意与边墙混凝土的连接处理，特别做好边墙钢筋深入基础部分的准确定位。

（6）沉降缝及防水处理

涵洞沉降缝填充材料采用沥青麻筋，沥青麻筋用热沥青浸制。沉降缝填塞前，缝内应清扫干净，保持干燥，不得有杂物和积水。用沥青麻筋填塞沉降缝，必须等构筑物养护达到施工图设计强度，在干燥状态下填缝。沉降缝端面必须整齐、方正，基础和涵身上下不得交错，嵌塞物应紧密填实。

混凝土顶板、侧墙外表面在填土前必须涂刷沥青胶结材料，形成防水层。涂刷的层数为 2 层，厚度应大于 3mm。

（7）洞口及附属工程

在洞口八字墙（一字墙）基础基坑开挖至设计高程后，及时做好基底承载力试验，满足设计要求则进入下道工序。洞口八字墙或一字墙基础采用 C25 混凝土，洞口铺砌采用 C20 片石混凝土，墙体采用混凝土浇筑，确保符合设计要求。

八字墙（一字墙）模板采用小型钢模进行拼装。混凝土浇筑前对支架、模板进行检查，确保符合设计要求后方可浇筑。灌筑完毕 10 ~ 12h 以内，需包裹塑料膜并浇水养护。养护期限不得少于 7d。浇水以能保持混凝土湿润为度。当气温低于 5℃时，混凝土严密覆盖，保温保湿，不浇水养护。

（8）台背及涵洞回填

台背应在盖板施工完毕后按照设计要求进行台背回填，台背回填采用沙砾土等透水性材料。与路基连接处刷去虚土，开挖台阶宽度和坡度按设计及规范进行，填筑时应在两侧对称施工，人工配合机械卸料、平整，平板振动夯配合光轮振动压路机压实。在涵背面用墨线画出每层填筑水平线，每层填料厚度为 10 ~ 15cm，夯实遍数根据试验确定，保证密实度不小于 96%，并做压实度测定。

在盖板安装至能够支撑涵洞整体稳定时进行洞身回填，回填料采用素土，填至管道周边时采用人工配合小型机具进行夯实，洞身回填过程中应严格控制各施工工序，避免管道受损。

六、质量控制标准

1. 质量检测标准

本工法施工质量控制应符合《公路桥涵施工技术规范》（JTG/T 3650—2020）、《建筑地基处理技术规范》(JGJ 79—2012)、《公路工程质量检验评定标准》(JTG F80—2017)的要求。通道(涵洞)具体检测标准及检测方法如表5-1所示。

通道(涵洞)质量检测标准及检测频率　　表5-1

序号	检查项目	规定值或允许偏差	检查方法和频率
1	轴线偏位(mm)	50	用经纬仪检查纵横向各2处
2	结构尺寸(mm)	±15	用尺量3~5处
3	涵底流水面高程(mm)	±20	用水准仪检查洞口2处,拉线检查中间2处
4	长度(mm)	+100,-50	用尺量
5	孔径(mm)	±20	用尺量3处
6	顶面高程(mm)	±50	用尺量3处

2. 质量控制要点

(1)建立质量管理体系,严格执行岗位责任制,责任到人。

(2)充分研究设计文件及理解设计意图,编制合理可行的实施性施工组织设计。

(3)坚持技术交底,并组织工程技术人员认真学习招标文件和技术规范,严格按规范及施工图纸施工。

(4)严格执行隐蔽工程签证制度,只有当监理工程师签认后,方可进行下道工序施工。

(5)对施工过程中的各种影响施工和工程质量的情况、问题及时进行协调、处理和改正。

(6)严格执行报验程序。现场质检员、施工员严格按照相关技术规范进行自检,自检合格且待监理工程验收合格后方可进行下一道工序施工。

(7)严格执行检查程序。质量检查的程序如图5-5所示。

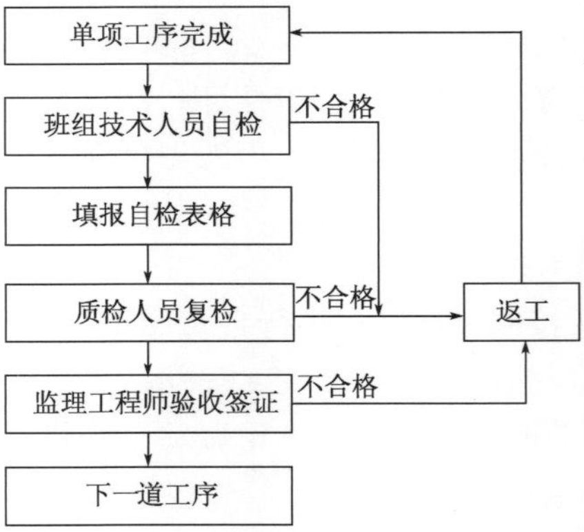

图5-5　质量检查程序

七、安全保障措施

1. 安全保证体系

结合本工程的特点,成立项目安全组织机构,设置现场专职安全管理人员。按照“竖向到底、横向到边”的原则,明确施工安全岗位责任责任,签订安全责任状,责任到岗,责任到人。严格奖罚制度,实施安全生产奖惩。

2. 安全管理措施

(1)组织安全交底。在工程开工前,编制施工安全技术措施计划,经审批后,对参建的所有人员进行逐级分项详细的安全技术交底。

(2)开展安全检查。每月组织安全生产检查,班组每日进行自检、交接班检查,安全员日常巡回安全检查。

(3)保障安全投入。安全生产投入专款专用,保证施工安全有序进行。

(4)现场安全管理措施:

①在施工点设置施工标志牌和管道标志牌。注明结构物类型、桩号、孔径以及现场责任人等。注明管道名称、走向、埋深等,在管道作业区放置明显警示桩。

②施工场地布局合理,材料堆放整齐,线路架设规范,现场安全标语和警示标志醒目。

③作业时必须按规定正确使用个人防护用品,严禁赤脚和穿拖鞋、高跟鞋进入施工现场;施工现场禁止吸烟,禁止追逐打闹,禁止酒后作业。

④新进场的作业人员,必须首先参加入场安全教育培训,经考试合格后方可上岗,未经教育培训或考试不合格者,不得上岗作业。

⑤从事特种作业的人员,必须持证上岗,严禁无证操作,禁止操作与自己无关的机械设备。

⑥施工现场的各种安全防护设施、安全标志等,未经领导及安全员批准,严禁随意拆除和挪动。

⑦基坑周围采用钢管制作1.2m高的防护栏杆,挂设警示标识牌,夜间设红色警示灯,禁止行人和儿童闯入,以免发生意外。

⑧严格控制施工机械的占位,确保施工机械在管道安全位置外进行施工作业。

⑨夜间施工,应配备充足的照明设备,确保施工安全。

⑩大风大雨天影响施工安全的情况下,严禁施工。

八、环保措施

(1)施工现场内道路平整、顺畅,排水良好。

(2)清理场地的废料和土方工程的废方处理,不得影响排灌系统及农田水利设施。

(3)工程竣工后应及时清理沟渠和道路上的堆积物,及时清除临时工程废弃物,恢复原有地貌景观。

(4)施工场地和运输道路若产生扬尘,应尽可能防止对生产人员和他人造成危害,必要的地点用洒水车洒水降尘。

九、效益分析

从工程应用实践来看,装配式通道(涵洞)预制构件为自稳性设计,现场不需要大量的支撑和脚手架等临时材料,总体建设费用相应减少;现场工效提高,大大减少因长期暴露而引发油气泄漏爆炸事故造成的经济损失,促进社会和谐稳定。

十、应用实例

梁子互通 HK0 +113.710(1 -6 ×4.5m)钢筋混凝土盖板通道,上跨仪长线大冶至武汉支线石油长输管道,与主线夹角为75°,涵长15.108m,采用整体式基础。基础采用现场浇筑混凝土工艺,墙身及盖板采用吊装的施工方法进行,该工法在项目得到了成功应用,取得了很好效果,既有效减少了地基沉降位移,降低了施工对周围土体和既有长输管道的扰动,又保证了公路工程施工的安全。

十一、工法评价

实践应用结果表明,该工法具有操作性强、可靠性高、工期短、周围环境影响小、经济效益好等优势,该工法既有效地解决了公路施工上跨油气长输管道的工程技术难题,又降低了管道泄漏的风险,减小了公路施工对既有管道的影响,对既有管道也起到了长期保护作用。该工法的成功应用,为今后类似地质、相似环境公路施工上跨既有油气长输管道的施工积累了丰富的经验,提高施工效率,对公路工程现场安全和管道安全防护具有重要意义,具有较高的推广价值和广阔的应用前景。

第二节　鄂咸高速公路 K32 +110 处上跨石油管道专项施工方案

为切实做好 K32 +110 处上跨石油管道的安全防控,确保施工安全处于可控状态,防止和杜绝安全事故发生,保障工程施工的顺利进行,确保原油管线正常运营,结合施工实际情况,制订本方案。

一、编制依据与目标

1.编制依据

(1)《中华人民共和国安全生产法》(2014 年,中华人民共和国主席令第 13 号)
(2)《中华人民共和国石油天然气管道保护法》(2010 年,中华人民共和国主席令第30 号)
(3)《中华人民共和国职业病防治法》(2018 年,中华人民共和国主席令第 24 号)
(4)《中华人民共和国消防法》(2009 年,中华人民共和国主席令第 6 号)
(5)《生产安全事故报告和调查处理条例》(中华人民共和国国务院令第 493 号)
(6)《建设工程安全生产管理条例》(中华人民共和国国务院令第 393 号)
(7)《公路水运工程安全生产监督管理办法》(中华人民共和国交通运输部 2017 年第 25 号令)
(8)《危险性较大的分部分项工程安全管理规定》(建质〔2018〕37 号)
(9)《公路桥涵施工技术规范》(JTG F50—2011)
(10)《公路桥涵地基与基础设计规范》(JTG D63—2007)
(11)《公路工程施工安全技术规范》(JTG F90—2015)

(12)《施工现场临时用电安全技术规范》(JGJ 46—2005)
(13)《建筑施工高处作业安全技术规范》(JGJ 80—2016)
(14)《公路工程质量检验评定标准》(JTG F80/1—2017)(土建工程)
(15)《埋地钢质管道外防腐层修复技术规范》(SY/T 5918—2011)
(16)《公路施工手册——桥涵》(上、下册)
(17)鄂咸高速公路施工图设计文件
(18)湖北省鄂咸高速公路 K32 +110 保护涵通道设计图纸
(19)建设单位印发的与本工程有关的文件、办法
(20)建设单位、监理单位及中石油公司对石油管道保护的有关要求

2. 安全目标

(1)杜绝伤亡事故。
(2)杜绝因石油泄漏或火灾爆炸引发的重大生态环境破坏或重大社会影响事件。

二、工程概况

1. 危险性较大工程概况

鄂咸高速公路桩号 K32 +110 处与仪征长岭原油管道相交,地处鄂州市长岭镇,与鄂咸高速公路的交角约 18.9°开挖长度为 88m。原油管道属于仪长线大武支线,起点为大冶输油站,终点武汉输油站,全长约 83km,是武汉石化主要供油管线,直径 D = 559mm,埋深为 200cm,附有一条通信光缆。

为了确保原油管道的绝对安全,在长岭分离桥施工完毕后在桥跨两侧延伸输油管道设计通道盖板涵,采用预制拼装工艺施工。

2. 工程施工条件

根据实地踏勘,道路 K32 +110 处地貌为鱼塘原始地貌,管道穿过水塘,土壤以淤泥质为主。管道中心线一侧距离村镇社区较近,不足 100m,生活居民较多。地貌实际情况如图 5-6 所示。

图 5-6　管道走向

三、施工总体部署

1. 施工进度计划

根据鄂咸高速公路总体施工组织安排，同时根据该座涵洞的工程量、施工难度、施工工艺以及工期要求，结合当地的气候、温度情况，依据设计图纸，确定本工程计划工期。

主要施工节点时间如下：

(1)施工准备：自×××始至×××止。

(2)开挖施工(分节段，间隔施工)：自×××始至×××止。

(3)防腐施工：自×××始至×××止。

(4)垫层及涵洞基层施工(分节段，间隔施工)：自×××始至×××止。

(5)涵洞墙身及盖板施工(分节段，间隔施工)：自×××始至×××止。

(6)进出口翼墙施工：自×××始至×××止。

(7)沉降缝、防水层施工：自×××始至×××止。

(8)涵洞基坑回填：自×××始至×××止。

2. 施工现场主要机械设备配置(表 5-2)

施工现场机械设备　　表 5-2

序号	设备名称	规格型号	单位	数量	性能
1	挖掘机	PC-80	台	1	良好
2	发电机	50kW	台	1	良好
3	振动打夯机	—	台	2	良好
4	混凝土插入式捣固棒	—	根	3	良好
5	电焊机	BX-400	台	2	良好
6	水泵	—	台	2	良好
7	混凝土输送泵	HBT60	台	1	良好
8	钢筋弯曲机	—	台	1	良好
9	切割机	GQ40A	台	1	良好
10	汽车起重机	70t	台	1	良好
11	工程车辆	—	—	3	—

3. 施工现场主要人员配置

现场管理人员 5 人，施工队长 2 人，质检人员 1 人，技术负责人员 1 人，专职安全人员 1 人，混凝土工：3 人，木工：3 人，钢筋工 5 人，电工：1 人，普工：10 人，吊装工：6 人。

4. 施工现场材料计划(略)

四、施工工艺技术

施工工艺流程如下：测量放线→探明管道位置→围堰→防腐沟开挖→桥跨两侧基坑开挖

(间隔开挖)→防腐→盖板涵垫层基础(砂、混凝土)施工(间隔施工)→涵身、顶板安装→底板混凝土浇筑(间隔施工)→进出口翼墙施工→沉降缝、防水层施工→回填(基坑及涵洞内)。施工工艺流程图(略)。

1. 测量放线

开工前,测量人员认真复核图纸,按照图纸要求,并施放边线、堆土堆料界线及临时用地范围。

2. 管线探明

在施工前,根据管网图注及中石油部门人员现场指定位置,先采用人工挖探坑探明走线位置。

3. 鱼塘处施工围堰

管道在鱼塘中穿过,需要围堰,采用编织袋围堰,暂定围堰 2 道,每道长 80m,底宽 2.0m,顶宽 1.0m,高 2.5m(超过水深 1m),两道围堰之间距离 25m,围堰用土外购。

4. 桥跨地下输油管道防腐沟开挖

(1)防腐沟槽开挖深度 3.10m,底宽均宽为 2.56m,放坡 1∶1,长 68m。

(2)开挖土方堆在管沟两侧,距离管沟边缘不小于 2m,堆土高度不超过 1.5m。

(3)防腐管沟开挖断面示意图如图 5-7 所示。

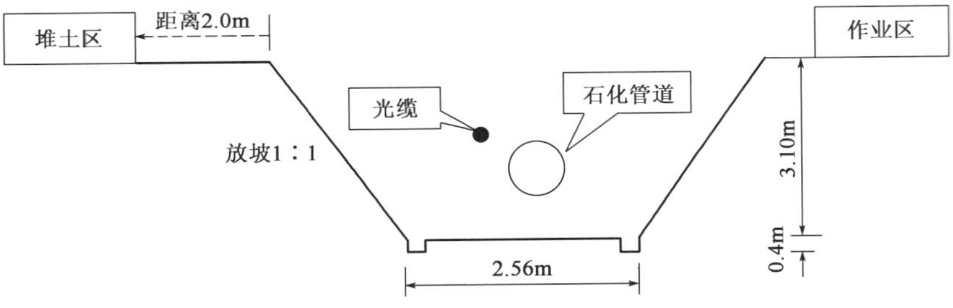

图 5-7　防腐管沟开挖断面

5. 桥跨两侧延伸输油管道盖板涵沟开挖

(1)箱涵沟槽开挖深度 3.22m(地面至涵垫层底),底宽均宽为 3.9m,放坡 1∶1,长 20m(桥跨两侧延伸各 10m)。

(2)开挖土方堆在管沟一侧,距离管沟边缘不小于 2m,堆土高度不超过 1.5m。管沟另一侧作为施工作业用地,管道周围土和上层地表土分开堆放,方便回填。

(3)管沟开挖断面示意图如图 5-8 所示。

6. 施工降排水

做好沟槽内的地下水及雨水降水、排水工作,防止管沟淋雨坍塌,管沟开挖回填施工中设置口径 100mm、200mm 口径的排水泵排水。施工期间鱼塘处及管沟开挖过程中排水、降水按 40 台班计算,现场配备柴油发电机 30kW 按 20 台班计算。

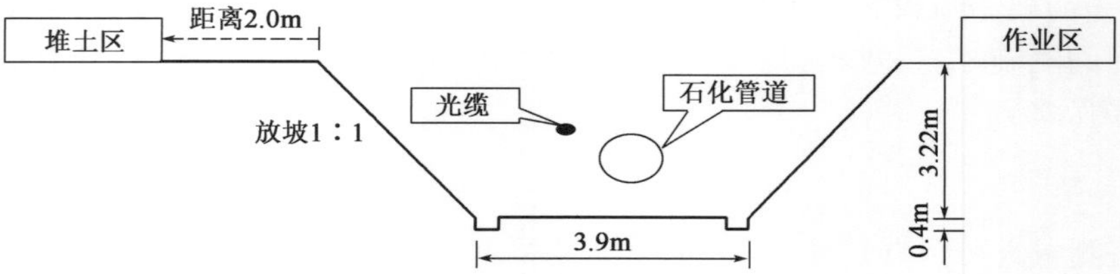

图5-8　管沟开挖断面

7. 管道防腐涂装

(1)管道清洗

管道开挖出来后,用清洁水、乙醇对管道表面进行清洗,清洗去油污,泥土,清洗长度169.90m。管道清洗中使用的水等液体要及时排出管沟,避免施工过程中二次污染管道本体。

(2)管道缺陷专业检测

管道清洗干净后,先对管道外观检查,主要检查管道有无变形,表面有无腐蚀坑。外观检查后,采用电火花检漏仪对管道现有防腐层进行检漏。对管道壁进行测厚,每1m管段处测量上下左右4个点,测量管段总长度169.90m。

(3)防腐层漏点修补

电火花检漏仪检测出的防腐层漏点进行修补,漏点处拆除原防腐层,用双组分高固化液态环氧树脂涂料加厚防腐层,提高防腐等级。

(4)环形焊缝处检查及重新补口防腐

拆除原环形补口带,对环形焊缝进行检查,测厚,做好检查记录。补口带施工完成后进行电火花检漏,检漏电压15kV,以不打火不击穿为合格。

(5)管道表面除锈、防腐

管道表面清理干净后除锈,喷砂除锈。除锈验收合格后,采用双组分高固化液态环氧树脂涂料进行管道表面防腐,采用两底两面结构。双组分高固化液态环氧树脂涂料涂层固化后,采用黏弹体防腐胶带进行全管段加强级防腐。黏弹体防腐完成检漏合格后,在黏弹体外缠绕光固化保护带,缠绕2道。每层缠绕搭接不少于50%,始末端搭接不少于100mm。

(6)光缆保护

原光缆应采用外加ϕ90PVC管保护。先将PVC管从中间剖开,将原有光缆硅芯管装入剖开的PVC管中,合上PVC管,再焊接上PVC管。焊接时,应采取适当的隔热措施,防止损伤原有光缆及其硅芯管。

8. 管道盖板涵垫层、基础施工

垫层采用商品混凝土C15泵送浇筑,长20m,宽2.7m,厚0.1m,具体尺寸按照按设计图纸。基础采用C25商品混凝土泵送浇筑,浇筑尺寸按设计图纸。浇筑长度20m。

9. 墙身、盖板预制及吊装

(1)墙身、盖板在现场附近预制,预制场地平整夯实,长20m,宽10m。

(2)墙身、盖板预制盖板混凝土为商品混凝土C25。

(3)墙身、盖板预制盖板尺寸按照设计图纸。墙身、盖板预制盖板必须在混凝土强度达到设计强度的100%以上才能进行脱模,移动和吊装。

(4)墙身、盖板安装采用25t汽车起重机进行吊装安装。

10. 现浇底板施工

待预制墙身安装完成后,按设计要求将预制墙身预留底板钢筋进行绑扎和焊接,为保证天然气管道安全,在底板施工前要对管道进行严格支护,外露部分天然气管道还要用土工布包裹,支立模板、浇筑混凝土及拆除模板支架时特别注意不能碰撞天然气管道。

底板混凝土施工采用拌和站集中拌和,混凝土输送车运送,泵送入模。采用插入式振捣器振捣。浇筑完成后及时覆盖塑料布、土工布,并浇水养生。注意与边墙混凝土的连接处理,特别做好边墙钢筋深入基础部分的准确定位。

11. 进出口翼墙施工

(1)钢筋制作安装

本工程钢筋采用HRB400级钢筋。基础及涵台钢筋保护层厚度为50mm。钢筋都在现场制作,绑扎。钢筋施工完成需要经过验收合格后才能进行下一步工序。钢筋材料要有质量证明文件。

(2)模板支撑

模板按照接触面积支模,做好模板固定,防止跑浆。模板脱模必须在混凝土强度达到要求时才能进行。模板施工前后需要符合尺寸,满足设计结尺寸才能进行混凝土浇筑。

12. 沉降缝、防水层施工

盖板涵间隔10m设置沉降缝1道,缝宽20mm,缝内用沥青麻丝填缝。

13. 涵洞回填

(1)根据设计回填要求进行回填,盖板涵内回填细沙。

(2)回填采用人工回填,管道周围对称回填,分层回填夯实。

(3)回填前对涵洞内进行清理建筑垃圾等杂物清理干净,积水排除。

(4)分层回填压实。回填土内不能含有碎石块,腐殖质杂土,粒径不超过10mm。回填时先回填管道周围原土壤,然后回填其他表层土壤。

五、危险源辨识及风险分析

1. 危险源辨识

项目部结合施工总体部署、施工工艺、施工工序、施工方法,划分作业活动单元,运用故障树分析法,认真辨识施工过程中能够控制和施加影响的危险源,全面掌握危险源的状况。具体危险源清单见表5-3。

危险源辨识清单 表5-3

序号	作业活动	可能导致的危/伤害类型	主要危险和有害因素 （人的不安全行为、物的不安全状态等）
1	鱼塘围堰施工	坍塌、机械伤害	降排水不及时；未按照设计施工；操作人员违规作业
2	防腐沟、基坑开挖	机械伤害、坍塌、泄漏	操作人员不按操作规程操作；挖掘机非操作人员操作，挖掘机安全保险装置不符合要求；开挖未放坡或坡度不符合设计要求，现场排水不畅；管道破损石油泄漏
3	管道涂装	火灾	现场人员携带明火
4	涵洞底板施工	泄漏、倒塌	混凝土运输罐车停放处基础不坚实平整；底板钢筋的绑扎时管道未采取保护措施；管道保护措施不足；混凝土浇筑、支模和拆模时碰撞管道
5	预制构件吊装	起重伤害、倒塌	司机违章操作；指挥信号不明；现场违章指挥；构件绑扎不牢；起吊钢丝绳磨损严重；起重机械支腿不稳
6	进出口翼墙施工	物体打击、高处坠落、触电	人员登高作业不系安全带；作业人员随意掷扣件等建筑材料；扣件、钢管堆放混乱；脚手架平台防护不足。钢筋绑扎焊接作业违规

2. 风险分析

通过辨识潜在的危险源辨识，并针对其中存在的危险和有害因素进行风险分析可知，主要风险：

（1）高处坠落、物体打击。作业人员不安全行为或防护设施不到位等，易发生高处坠落、物体打击，造成人员伤害。

（2）倒塌、坍塌。由于起重机械支腿不稳、混凝土搅拌运输车基础不稳造成起重机、搅拌车辆倒塌。施工开挖不当，排水不畅，现场严重积水，造成土体坍塌。

（3）机械伤害。使用中，挖掘机的意外故障或人的违章指挥、违章作业、违反劳动纪律，发生机械伤人事故。

（4）触电。施工人员违章操作用电设备、用电保险装置失效或施工用电防护出现缺陷造成作业人员触电伤害。

（5）火灾。现场原油的泄漏，管道防腐涂装，因现场人员携带明火等违规行为易造成原油着火，导致人员伤害和其他财产损失。

（6）起重伤害。吊装预制构件作业不符合技术规范要求，现场管理不到位造成作业人员或其他人员伤害。

（7）泄漏。保护措施或安全距离不足，野蛮施工产生的剧烈振动或悬空，改变管道上的应力分布，可能造成管道局部破坏，最终导致泄漏。

六、施工安全技术措施

1. 基坑开挖施工安全技术措施

（1）基坑开挖严格按照施工方案要求，采取自上而下的方式，分层开挖，逐步推进，应按设计做好放坡，不能盲目随意开挖，避免对管道造成破坏。

(2)基坑开挖作业时应时刻关注土壁的变动情况，严密注意边坡的稳定性。若发现土壁有大面积形变、松散裂缝情况，立即停止开挖作业。

(3)基坑开挖过程中如遇地下水涌出，应立即停止开挖，先排水，后开挖。

(4)基坑下方作业时应戴好安全帽，严防基坑上方土块或其他物体砸伤。

(5)施工机械在基坑开挖边顶作业时，应与基坑边缘保持足够的安全距离，并应有专人指挥。

(6)基坑开挖距离坑顶边缘 2m 严禁堆放弃土、钢筋等材料。

(7)基坑周围采用钢管制作 1.2m 高的防护栏杆，挂设警示标识牌，夜间设红色警示灯，禁止周围村民和儿童闯入发生意外。

2. 临时用电安全技术措施

(1)施工现场临时用电电源线采用“三相五线”制，并按 TN-S 接零保护系统要求布置。

(2)现场线路架设符合规范要求，并绝缘良好。

(3)用电设备符合要求，所有电气设备的金属外壳必须有可靠的保护接地，严格按照“一机、一闸、一箱、一漏”原则安装和使用。

(4)现场人员使用用电设施严格按照临时用电安全技术规范要求进行作业。

3. 预制构件吊装作业安全技术措施

(1)起重机司机、指挥人员必须经过有关安全专业培训并考核合格，持证上岗。

(2)起重机各项保险装置齐全有效，工作机构正常，制动灵敏可靠，无钢丝绳断丝、露芯、扭结、变形等缺陷。

(3)作业前，起重机必须置于坚硬平整的地面上，起重机支腿支开稳定牢固。

(4)起重机司机、指挥、起重工等操作人员严格执行起重作业安全技术操作规程，正确穿戴劳动防护用品。

(5)吊装作业时严格执行“十不吊”规定。吊装区域内和起重臂回转半径内严禁人员逗留，随时注意起吊构件的升降。

(6)作业完成后，收起起重臂停在安全的地带，熄火，制动器处于制动状态。

(7)遇到大雨、大雾、大雪等恶劣天气条件，立即停止吊装作业。

4. 钢筋作业安全技术措施

(1)使用冷拉、切断钢筋加工机械前，必须进行检查，确保机械保护性能完好。

(2)冷拉、切断、弯料等作业必须在地面上进行，严格遵守设备安全操作规程，杜绝违章行为。

(3)现场高处绑扎作业必须搭设操作平台，并做好安全防护措施。禁止将工具、短钢筋随意堆放及随意抛掷材料等行为。

(4)进行焊接作业时，电焊设备符合临时用电安全技术规范要求。

(5)作业区域内严禁堆放易燃易爆物品，禁止明火作业。

5. 模板、混凝土浇筑作业安全技术措施

(1)模板安装应按规定的作业程序进行,模板未固定前不得进行下一道工序。严禁在连接件和支撑件上攀登上下。

(2)安装模板时操作人员应由可靠的落脚点,并应站在安全的地点进行操作,主动避让吊物。

(3)浇筑高度2m以上搭设脚手架操作平台,混凝土浇筑时不准直接站在溜槽或模板支撑上作业。

(4)模板安装就位后,内拉杆穿好并紧固螺栓。

(5)使用振捣设备前进行检查,移动时严禁在钢筋或其他锐利物体上硬拉拖拽电缆。

(6)使用振捣棒作业人员应穿绝缘胶鞋,戴绝缘手套,戴安全帽,高处作业无可靠安全防护时系好安全带。

(7)浇筑混凝土强度达到设计要求后方可进行模板拆除作业。

(8)拆除作业必须设置警戒区域,无关人员禁止进入现场。严格遵守吊装作业规定。

(9)底板基础施工支模、钢筋、混凝土浇筑作业时禁止碰撞管道。

七、施工安全管理保障措施

1. 安全组织保障

(1)现场人员组成

根据工程的实际情况,在项目部安全生产领导小组的领导下,加强现场安全管理,现场负责人、施工员、安全员、测量员、协作队伍负责人、班组长、作业人员各负其责。

(2)安全管理责任

现场负责人:对施工现场的人员、机械设备、工程构筑物等安全全面负责,负责施工安全工作的决策和指挥。

施工员:协助现场负责人对施工现场的人员、机械设备、工程构筑物等施工安全工作具体实施决策和指挥。

测量员:负责配合产权单位技术人员做好现场管道位置的探明和现场施工的测量工作。

安全员:负责现场施工安全的监督;与产权单位技术人员做好人员的安全教育和安全技术交底。

协作队伍负责人:负责督促班组长和作业人员落实现场施工安全措施。

班组长、作业人员:严格遵章守纪,正确穿戴劳动防护用品,做好现场文明施工。

2. 施工前安全管理措施

(1)施工前,积极主动与管道产权单位就施工、管道交叉保护施工事宜进行接洽,办理相关手续,协商确定施工作业方案并签订安全防护协议,明确双方的安全管理职责与权限。管道产权单位指派专门人员现场监督、指导施工。

(2)施工前,向附近社区村镇居民就施工可能造成的管道泄漏等影响和危害进行风险告知,告知居民发生紧急情况时积极配合疏散和有关注意事项。

(3)根据项目部的安全规章制度,编写现场安全生产制度、消防保卫制度、环境保护制度、文明施工制度。

(4)项目部安全管理人员与产权单位对施工从业人员进行风险告知,开展遵章守纪和岗前安全培训教育;施工期间开展日常教育,增强从业人员的安全意识。

(5)项目部负责管理的施工技术人员向承担施工的全体作业人员进行详细的安全技术交底,并形成文件。

3. 现场作业管理措施

(1)现场作业人员正确穿戴符合国家标准或行业标准要求的劳动防护用品,未穿戴者不得从事施工作业。

(2)现场设专职安全管理人员1名,专门负责现场安全管理,与产权单位安全员共同监督落实现场存在的隐患或问题。

(3)电工、焊工、起重工、起重机指挥人员和挖掘机、起重机操作人员必须持证上岗,确保证件的有效性。

(4)现场作业设警戒区,设置明显的安全警示标志,严禁外部车辆及无关人员进入施工现场,避免对管道造成损坏。

4. 施工设备安全管理措施

(1)组织相关人员对挖掘机、起重机等施工设备的产品合格证、制造许可证等资质进场验收,建立设备台账,保证设备符合安全要求。

(2)在投入使用前进行检查,各种保险、限位、制动、防护等安全装置齐全可靠,确保状况良好。

(3)加强对所使用的挖掘机、起重机等施工设备的维修保养,保证其经常处于完好状态。

(4)严禁设备超负荷使用、带病运转和在作业运转中进行维修。

5. 临时用电管理措施

(1)电工日常进行安全巡视,填写巡视记录,做好用电线路和用电设施的维护保养,所有用电设备完好无损、接线正确、绝缘良好、警示标识明显。

(2)建立现场临时用电安全技术档案。

(3)移动或检修电气设备,应首先切断电源。

(4)下班后切断电源,配电箱上锁。

6. 现场文明施工管理措施

(1)严格遵守劳动纪律,施工现场严禁赤脚、赤膊、穿高跟鞋、拖鞋,严禁抽烟或携带火种,随意向现场扔烟头,禁止追逐打闹,禁止酒后作业;严格遵守各项安全操作规程,禁止操作与自己无关的机械设备。

(2)对施工现场道路进行平整,保证坚实、保持畅通。

(3)施工现场设置现场施工平面图、工程概况牌、文明施工牌、重大风险告知牌、安全生产制度牌等,现场标志牌、安全警示牌应醒目清晰,无破损。

(4)根据地形地貌,疏通场地内的排水系统,排水系统处于良好状态,保证现场无积水。

(5)作业场地材料分类有序堆放,及时清理现场钢筋头、遗撒混凝土等建筑垃圾,保持施工现场干净整洁。

7. 安全投入

为了确保施工顺利进行,根据项目部安全生产费用使用管理制度,制订现场安全投入计划,保障施工安全需要。安全生产投入计划见表5-4。

安全生产投入计划表

表5-4

单位:万元

序号	日期	安全管理	安全防护	安全标牌	其他	小计
1	××	5	15	10	1	31
2	××	4	8	3	1	16
3	××	4	6	2	1	13

八、施工安全应急措施

1. 应急组织机构及职责

为加强现场应急组织的领导,快速、及时地开展救援工作,结合施工实际,在项目部应急救援工作领导小组的领导下,成立现场应急处置小组。

(1)现场应急处置小组

组长:现场负责人。

组员:安全员、施工队负责人。

由现场施工班组长、作业人员组成应急救援队,一旦发生事故,具体实施应急救援。

(2)职责

①组长:负责施工现场应急救援工作的决策和指挥,第一时间组织抢险救援。

②施工员:协助组长组织施工现场应急救援工作。组长不在岗履职时代行应急职权。

③安全员:负责现场警戒,维持现场秩序,保护事发现场。

④协作队伍负责人:协助组织应急救援队具体实施现场应急抢险救援。

2. 应急响应程序

(1)信息报告。事故发生后,现场负责人立即向分部、项目部应急救援领导小组汇报,有关领导接到事故报告后,迅速赶赴事故现场,组织指挥事故救援。

(2)先期处置。分部、项目部应急救援人员到达现场前,现场应急处置小组启动现场处置方案,进行先期处置。

(3)扩大应急。当事故应急影响范围超出现场处置能力时立即向社会救援力量求援。

3. 应急处置措施

(1)物体打击事故应急处置措施

①事故发生后,迅速移走基坑上方和周围可能继续产生危险的坠落物和其他障碍物,避免发生二次伤害。

②立即对施工现场实施封闭或半封闭管制，引导车辆快速驶离危险地带。同时为医护人员留出救援通道。

③迅速将伤员脱离危险场地，转移到安全地方，保护好事故现场。

④现场人员立即根据其受伤部位、性质，对受伤人员诊断，采取止血措施，防止受伤人员大量失血、休克、昏迷等。伤者明确表示受伤较轻，现场人员协助处理伤情，及时观察伤情变化。

⑤伤情较轻的，派车立即送往就近医院进行抢救，相关人员陪同，以便说明伤员的伤势情况，受伤部位、性质，以利医院做好准备。

⑥伤情较重的，立即拨打120，应详细说明事故地点、严重程度，并派人到相应路口接应。

⑦急救中心救护人员赶到后，现场人员应配合120医疗急救人员进行救治，并送医院治疗。如因客观原因导致120救护车没有及时赶到，现场应立即将伤者用担架抬上现场救援车辆送医院救治。

(2)高处坠落事故应急处置措施

①立即对施工现场实施封闭或半封闭管制，引导车辆快速驶离危险地带。同时为医护人员留出救援通道。

②发现人员受伤，不可急速移动或摇动伤者身体，应多人平托伤者身体，立即将伤员脱离危险场地，转移到安全地方，缓慢将其放在平坦的地面上，采取防止受伤人员大量失血、休克、昏迷等紧急救护措施进行抢救。

③伤情较轻的，派车立即送往就近医院进行抢救，相关人员陪同，以便说明伤员的伤势情况，受伤部位、性质，以利医院做好准备。

④伤情较重的，立即拨打120医疗急救电话，应详细说明事故地点、严重程度，并派人到相应路口接应。

⑤急救中心救护人员赶到后，现场人员应配合120医疗急救人员进行救治，并送医院治疗。如因客观原因导致120救护车没有及时赶到，现场应立即将伤者用担架抬上现场救援车辆送医院救治。

(3)坍塌事故应急处置措施

①发生坍塌事故后，先检查塌方处是否还有可能的塌方危险。

②当确认无危险后，立即在施工区域实施封闭或半封闭管制，引导车辆快速驶离危险地带，为医疗救助人员留出救援通道。

③立即组织挖掘机等救援设备进行现场抢险，如还可能造成二次塌方，则必须采取设置警戒线及警戒标志等有效措施控制。

④如发现人员被埋、被压的情况，在确保安全的前提下，救援人员用铁锹和手进行挖掘，并注意不要伤及被埋人员。同时立即拨打120，应详细说明事故地点、严重程度，并派人到路口接应。

⑤救援人员通过担架等适当方式立即将伤员脱离危险场地，转移到安全地方，现场人员立即采取防止受伤人员大量失血、休克、昏迷等紧急救护措施，进行抢救。

⑥伤情较轻的，派车立即送往就近医院进行抢救，相关人员陪同，以便说明伤员的伤势情况，受伤部位、性质，以利医院做好准备。

⑦伤情较重的，立即拨打120医疗急救电话，应详细说明事故地点、严重程度，并派人到相应路口接应。

⑧急救中心救护人员赶到后，现场人员应配合120医疗急救人员进行救治，并送医院治疗。如因客观原因导致120救护车没有及时赶到，现场应立即将伤者用担架抬上现场救援车辆送医院救治。

(4)机械伤害应急处置措施

①立即停止机械设备操作，并停放稳固，避免机械设备倾覆。

②立即组织人员抢救伤员，观察伤员受伤部位和失血情况，进行伤情诊断。伤情轻伤的，对伤者进行消毒、止血、包扎、止痛、固定等临时措施，防止伤情恶化，然后派车将伤者送往附近医院处理。

③伤情较重的，立即采取防止受伤人员大量失血、休克、昏迷等紧急救护措施，进行现场抢救。同时拨打120急救电话。应详细说明事故地点、严重程度，并派人到相应路口接应。

④急救中心救护人员赶到后，现场人员应配合120医疗急救人员进行救治，并送医院治疗。如因客观原因导致120救护车没有及时赶到，现场应立即将伤者用担架抬上现场救援车辆送医院救治。

(5)触电事故应急处置措施

①施工现场人员立刻切断电源，脱离电源，亦可用绝缘材料将触电人员脱离带电体。

②将伤员迅速脱离危险地方，组织人员就地进行抢救。

③如触电者伤势较轻，神态比较清醒，仅有心慌、四肢发麻、发软、乏力、心跳不规则等现象，应就地休息，不要立刻走动，减少心脏负担。

④如触电者呼吸或呼吸心跳均停止，将伤员仰卧在平地上或平板上立即进行人工呼吸或同时进行体外心脏按压，并立即拨打120向当地急救中心求救，说明事故地点、严重程度、联系电话，派人到相应路口接应。

⑤急救中心救护人员赶到后，现场人员应配合120医疗急救人员进行救治，并送医院治疗。如因客观原因导致120救护车没有及时赶到，现场应立即将伤者用担架抬上现场救援车辆送医院救治。

(6)火灾事故应急处置措施

①疏散救援。立即切断电源，组织疏散附近居民和人员，抢救伤亡人员，隔离火灾危险源和重要物资。

②初期火灾扑救。当施工现场发生火灾后，要立即组织现场人员充分利用施工现场的消防设施器材进行灭火。同时拨打120急救电话，向消防救援机构求援，并派人到相应路口接应。

③协助消防队灭火。在自救的基础上，当专业消防队到达火灾现场后，现场人员要简要向消防队负责人说明火灾情况，并全力支持消防队员灭火，听从消防队的指挥，齐心协力，共同灭火。

④保护现场。当火灾发生时和扑救完毕后，派人保护好现场，维护好现场秩序。同时，立即清理，采取其他有效措施，从而将火灾事故对环境造成的污染降低到最低程度。

4. 应急保障措施

(1)通信和信息保障(略)

(2)应急救援设备物资保障

根据本标段施工的性质、特点和应急救援工作的实际需要,有针对性地配备应急救援设备物资,并进行经常维护、保养。应急救援设备物资见表5-5。

应急救援设备物资一览表　　表5-5

序号	名　称	型　号	应急用途	单　位	数　量	存放地点	负　责　人
1	担架	××	现场救护	付	××	现场仓库	××
2	安全帽	××	现场救护	顶	××	现场仓库	××
3	药箱	××	现场救护	只	××	现场仓库	××

(3)施工现场应急救援设施及道路平面图、现场应急医疗急救路线图、现场应急逃生路线图见附件。

九、质量验收

1. 工序检查验收

认真贯彻执行有关质量规定,切实做好作业前后各个施工工序的检查验收。现场每一道工序施工之前,须进行检查验收,并填写相关验收资料,验收合格后方可进行施工。

2. 组织验收

施工完毕后,项目部组织技术人员对工程的质量、地貌恢复情况等方面进行预验收,然后由监理、建设单位验收,达到验收合格条件。

十、安全检查和监控监测

1. 安全检查

(1)施工期间,项目部组织相关人员每月两次定期对施工现场开展安全生产检查,检查方案实施情况。

(2)分部每周定期对施工现场开展安全检查,检查方案实施情况。

(3)现场专职安全管理人员每天对施工现场进行巡查,做好安全施工日志,掌握施工的安全状况,安全施工。

2. 监控监测

(1)现场施工员、质检员、测量员、作业人员等按照职责和权限,对现场安全实施监控,发现现场存在隐患时,及时报告项目安全部门和现场专职安全管理人员,以便第一时间消除隐患。

(2)加强原油泄漏监控。施工期间现场人员要加强原油泄漏监控,发现异常及时报告项目部和管道产权单位处置,确保施工安全。

第三节　鄂咸高速公路 K20 +754.7 处上跨天然气管道专项施工方案

为切实做好 K20 +754.7 天然气管道开挖施工的安全防控，确保施工安全处于可控状态，防止和杜绝安全事故的发生，保障工程施工的顺利进行，结合施工实际情况，制订本方案。

一、编制依据与目标

1.编制依据

(1)《中华人民共和国安全生产法》(2014 年，中华人民共和国主席令第 13 号)

(2)《中华人民共和国石油天然气管道保护法》(2010 年，中华人民共和国主席令第 30 号)

(3)《中华人民共和国职业病防治法》(2018 年，中华人民共和国主席令第 24 号)

(4)《中华人民共和国消防法》(2009 年，中华人民共和国主席令第 6 号)

(5)《生产安全事故报告和调查处理条例》(中华人民共和国国务院令第 493 号)

(6)《建设工程安全生产管理条例》(中华人民共和国国务院令第 393 号)

(7)《危险化学品安全管理条例》(中华人民共和国国务院第 591 号令)；

(8)《建设工程安全生产管理条例》(中华人民共和国国务院令第 393 号)

(9)《公路水运工程安全生产监督管理办法》(中华人民共和国交通运输部 2017 年第 25 号令)

(10)《危险性较大的分部分项工程安全管理规定》(建质〔2018〕37 号)

(11)《公路桥涵施工技术规范》(JTG F50—2011)

(12)《公路工程施工安全技术规范》(JTG F90—2015)

(13)《施工现场临时用电安全技术规范》(JGJ 46—2005)

(14)《建筑施工高处作业安全技术规范》(JGJ 80—2016)

(15)《公路工程质量检验评定标准》(JTG F80/1—2017)(土建工程)

(16)《公路施工手册——桥涵》(上、下册)

(17)鄂州至咸宁高速公路施工图设计

(18)《鄂州至咸宁高速公路一期土建总体施工组织设计》

(19)湖北省鄂咸高速公路 K62 +835 保护涵通道设计图纸

(20)建设单位印发的与本工程有关的文件、办法

(21)建设单位、监理单位及中石油公司对天然气管道保护的有关要求

2.安全目标

(1)杜绝伤亡事故。

(2)杜绝因天然气泄漏或火灾爆炸引发的重大生态环境破坏或重大社会影响事件。

二、工程概况

1. 危险性较大工程概况

鄂咸高速公路 K20 + 754.7 盖板涵为 1 - 4 × 3 钢筋混凝土盖板涵通道，顶板填土高度为 5.702m，与路线所成的右交角为 50°，天然气管道（ϕ0.33m）从该涵洞穿越，涵洞基础采用水泥搅拌桩处理，保证其满足设计强度。水泥搅拌桩长度 11m，桩间距 1m，桩径 0.5m，边桩与天然气管道间距 1m。

2. 工程施工条件

我部路基施工范围内存在与西气东输天然气管道交叉路段，施工受天然气管道影响的管道参数如表 5-6 所示。

施工范围内天然气管道参数表　　表 5-6

桩　　号	管道影响范围长度（m）	埋深（cm）	管径（mm）	产 权 单 位	备　　注
K20 + 754.7	约 62m	200 ~ 250	330	中石油有限公司	位于填方路段，下做盖板涵保护措施

天然气管道，位于 20 + 754.7 处，直径 D = 330mm，影响路基范围约 62m，埋深为 200 ~ 250cm，位于主线填方处，其中填方高度为 5.702m，平面图和实际情况图分别如图 5-9 所示。

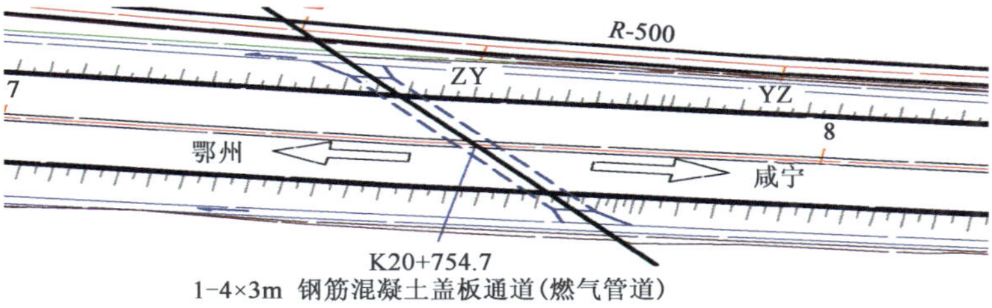

图 5-9　天然气管道平面布置示意图

地物实际情况如图 5-10 所示。

图 5-10　地物实际情况

三、施工总体部署

1. 施工计划

根据总体施工组织安排，同时根据该座涵洞的工程量、施工难度、施工工艺以及工期要求，结合当地的气候、温度情况，依据设计图纸，主要施工节点时间如下：

(1)施工准备：自×××始至×××止。

(2)水泥搅拌桩施工：自×××始至×××止。

(3)基坑开挖第一阶段(分节段，间隔施工)：自×××始至×××止。

(4)垫层及涵洞基层施工第一阶段(分节段，间隔施工)：自×××始至×××止。

(5)涵洞墙身及盖板施工第一阶段(分节段，间隔施工)：自×××始至×××止。

(6)剩余节段施工：自×××始至×××止。

(7)进出口翼墙施工：自×××始至×××止。

(8)涵洞基坑回填：自×××始至×××止。

2. 施工现场主要人员配置(略)

3. 施工现场主要材料配置(略)

4. 施工现场主要机械设备配置(表5-7)

机械设备安排表　　表5-7

序号	设备名称	规格型号	单位	数量	性能	进场时间
1	挖掘机	PC-80	台	2	良好	2018-6
2	发电机	80kW	台	1	良好	2017-6
3	振动打夯机	—	台	2	良好	2017-6
4	混凝土插入式捣固棒	—	根	10	良好	2017-6
5	电焊机	BX-400	台	6	良好	2017-6
6	水泥搅拌桩钻机	—	台	1	良好	2017-6
7	混凝土输送泵	HBT60	台	1	良好	2017-6
8	冷弯机	LNJ20B	台	1	良好	2017-6
9	切割机	GQ40A	台	1	良好	2017-6
10	汽车起重机	60t	台	1	良好	2017-6

四、施工工艺技术

施工工艺流程如下：

测量放线→探明管道位置→开挖→管道防护→水泥搅拌桩施工→基坑开挖(间隔开挖)→垫层基础(砂、混凝土)施工(间隔施工)→墙身、盖板安装→底板混凝土浇筑(间隔施工)→进出口翼墙施工→沉降缝、防水层施工→回填(基坑及涵洞内)。

施工工艺流程图(略)。

1. 测量放线

开工前,测量人员认真复核图纸,按照图纸要求,并施放边线、堆土堆料界线及临时用地范围。

2. 管线探明

临时便道施工前,根据管网图注及中石化部门人员现场指定位置,先采用人工挖探坑探明走线位置,再使用挖掘机开挖至离天然气管道顶约 50 ~ 80cm 位置。

3. 工字钢防护

明确天然气管走向后,在管道两侧撒上石灰线做标记,然后在天然气管外侧各 1m 处打设 25 工字钢,工字钢入土深度在天然气管道下方 0.5m 处,对天然气管道形成维护,保证涵洞地基处理过程中不对管道造成影响。天然气管道施工防护如图 5-11 所示。

4. 涵洞现浇底板基础处理

为保证现浇部分涵洞地基的稳定及施工安全,在开挖至管道顶时,按照设计图纸放样涵洞基础边线,继续人工开挖至垫层底高程,然后对软土基础进行注浆处理,注浆深度为 1m,地基处理完成后再铺设 40cm 沙砾垫层,然后浇筑底板基础混凝土垫层。

5. 水泥搅拌桩施工

此处水泥搅拌桩设计长度 11m,桩间距 1m,桩径 0.5m,边桩与天然气管道间距 1m。桩与桩之间加密布设。

(1)施工准备及测量放样

搅拌桩施工前,备齐施工机械机具和材料,接通电力,施工劳力进场,进行需搅拌桩作业地点的地面表皮清除,查明地下线路管道情况后进行场地平整,桩位放线。一切准备就绪后,进行搅拌桩作业。

(2)场地清理

施工前,应按技术规范要求进行场地清理。场地平整,填写报验单,经监理工程师验收合格签字确认后,方可进行下道工序施工。

(3)布桩图

开工前,根据施工设计图画出布桩图。布桩图上应标明线路中心、里程、路基底宽线、每个桩应编号、标出设计桩长,布桩图报监理工程师,批准后,方可施工。

(4)材料

搅拌桩施工采用加固料为水泥,其质量、规格应符合设计要求,并具有出厂质保单及出厂试验报告,确保在有效期内使用,严禁使用过期、受潮、结块、变质的劣质水泥。加固材料(水泥、早强剂、减水剂)运到工地后,应对水泥质量进行抽样检验,抽样试验频率根据规范要求及监理工程师意见定,一般要求每批量 100t 最少抽检 1 组,同时按要求对外加剂委外检测。试验结果报监理工程师签认后方可投入使用。

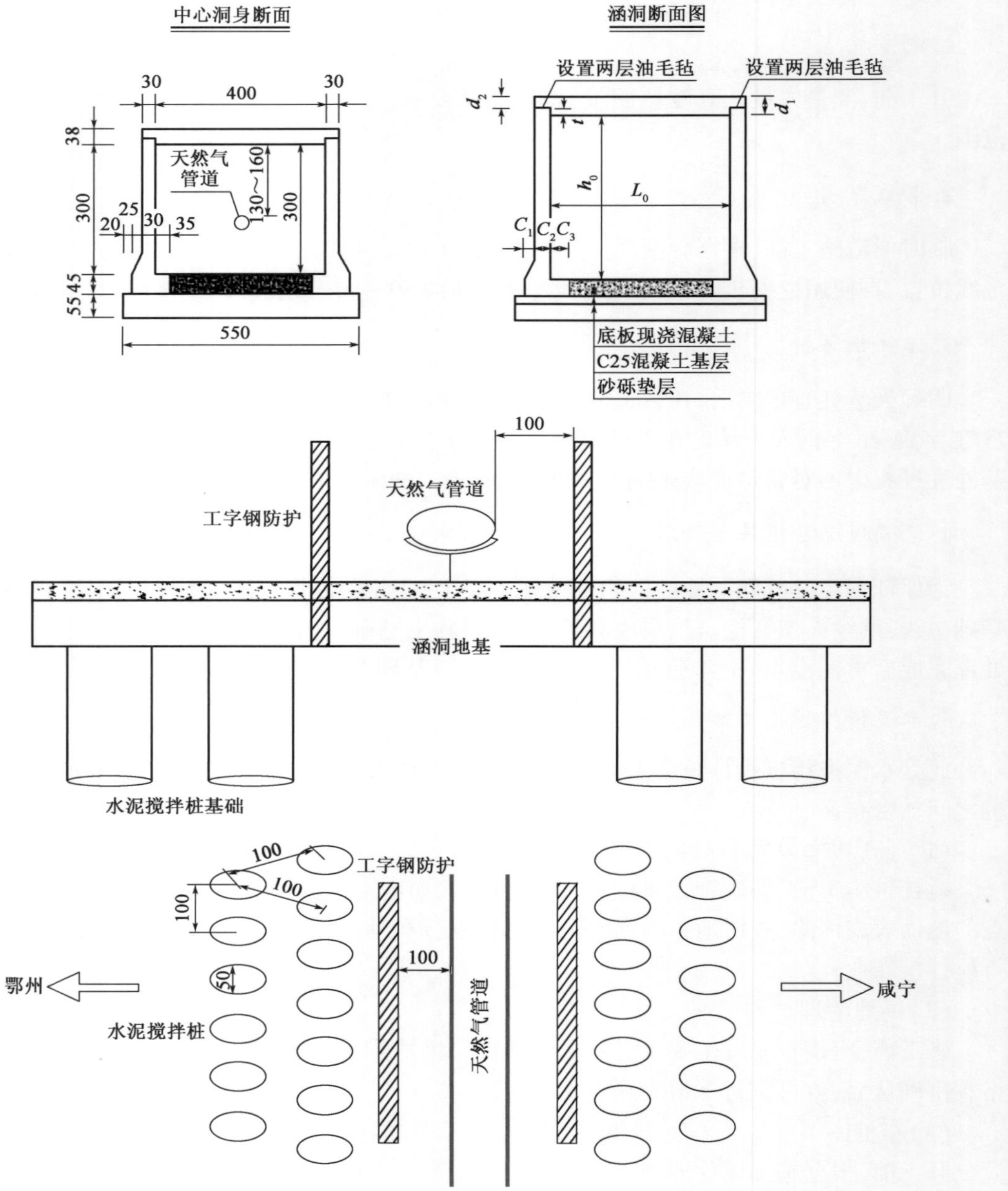

图 5-11　天然气管道施工防护示意图(尺寸单位:cm)

(5)水泥土配比试验

施工前应详细了解各施工现场的地质情况,选取有代表性的土层位置,钻孔取出一定数量的试样土进行必要的软土物理性质、含水量、有机质含量试验和水泥土配合比试验。试验结果均应及时以书面报告形式提交建设单位及监理工程师审查核实,如与原地质钻探资料和设计要求不符,应通知设计方。

(6)钻机就位及调直

组装架立搅拌桩机;检查主机各部的连接、液压系统、电气系统、浆喷系统各部分安装试调情况及浆罐、管路的密封连接情况是否正常,做好必要的调整和紧固工作,排除异常情况后,方可进行操作。浆罐装满料后,进料口加盖密封。安装钻机时,将钻机对准桩位,调平桩机机身以保证桩的垂直度。

(7)钻进

桩机调正后,启动主电机钻进,先启动内钻杆钻头(反向),后启动外钻杆钻头(正向),然后启动加压装置,加压装置中的链条同时对内外钻杆加压,使内外钻杆沿导向架向下,内钻头先切土、入土,外钻头后入土、搅拌。

(8)喷灰(浆)、搅拌

开启喷浆装置,在内钻头(反向)入土后喷浆,其二层旋转叶片作用为:下面一层是破土,上面一层为搅拌;外钻头(正向)入土后,其二层旋转叶片作用为搅拌、压浆;直到设计深度,桩端应就地持续喷浆搅拌 10s 以上。

(9)提升、搅拌

在达到设计深度时,搅拌机提升,关闭送浆泵,先将外钻杆钻头换向(反向),后对内钻杆钻头换向(正向),同时对加压装置换向,链条将钻头提升直到地表或设计桩顶高程以上 50cm,完成单桩施工。

(10)停机

将搅拌钻头提升到地面以上,停止主电机,停止空压机,填写施工记录。利用桩机液压系统,将桩机移到下一个桩位施工。

双向水泥搅拌桩施工流程如图 5-12 所示。

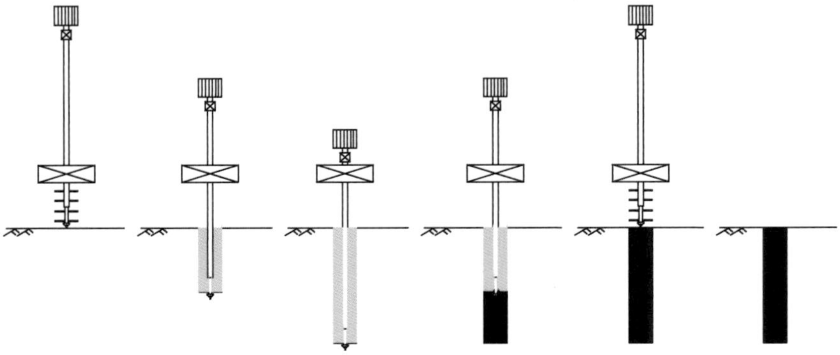

图 5-12　双向水泥搅拌桩施工流程图

(11)双向搅拌桩施工控制参数

①钻进速度:$V<1.2$m/min;

②平均提升速度:0.5 ~ 0.8m/min;

③搅拌速度:$R=30\sim50$ 转/min;

④钻进喷浆、提升搅拌时管道压力:$0.2\text{MPa}<P<0.7\text{MPa}$;

⑤内钻杆电流:20 ~ 30A,外钻杆电流:60 ~ 100A。

输送粉料的管道不宜太长，控制在60m以内。

水泥搅拌桩的水灰比和浆液用量如表5-8所示。

水泥搅拌桩水灰比及浆液用量　　表5-8

项　目	用　量
桩径(m)	0.5
桩长(m)	11
水泥掺入量	0.17
水灰比	0.55
浆液比重	1.78
水泥用量(kg)	60.0
水用量(kg)	33.02
总重量(kg)	93.08
单根每米浆液用量(L)	52.40
单根水泥搅拌桩总浆液用量(L)	576.4

6.基坑开挖

水泥搅拌桩达到设计强度后，人工配合挖掘机(人工开挖，机械倒运土)进行基坑开挖。基坑开挖前先拔除工字钢护桩。拆除后方可开挖，拆除过程中要注意控制拔桩速率。为保证管道安全，基坑开挖采用分节间隔开挖(图5-13)，节段数与天然气管道节段相匹配。目前根据现场勘察情况及天然气公司管理人员提供的信息，拟定分为6节开挖，每个开挖节段约为10m，每节超开挖50cm，并在节段两端设置2m的作业平台，保证涵洞底板施工作业面，开挖方案逐步实施，以免管道因挠曲产生破坏。基坑开挖至天然气管道底部时，在天然气管道底部用Φ48mm镀锌钢管进行支撑，支撑点处与管道采用胶皮软接触。开挖坡比根据地质情况进行确定，拟定土质边坡1:0.5。

开挖过程中严格按照对天然气管道的防护，并再次邀请天然气公司抢维修分公司技术人员到现场帮助指导。

7.涵洞垫层、基础施工

垫层铺设夯实40cm沙砾垫层后，浇筑15cm混凝土垫层，进出口另浇筑60cm厚混凝土基础(图5-14)。

8.墙身及盖板安装施工

待基础混凝土强度达到设计强度的90%时可以进行预制件安装。预制件通过汽车运到施工现场，用汽车起重机配合人工安装到位。

起吊时为了保证各吊点受力均匀，两个吊点的吊索与水平面的夹角必须要相等，且不小于70°；运输过程中，平板车的行驶必须缓慢平稳，采取必要的固定缓冲措施，避免构件损坏。

安装侧墙前，应先放样，用墨线标记侧墙的安装位置；安装时，要注意与下部的沉降缝的对应，务必保证起吊、旋转过程平稳，吊装边角部位及绳索接触部位应采取衬垫加以保护，避免构件破坏；如有破损经监理工程师同意后可进行必要的修复。

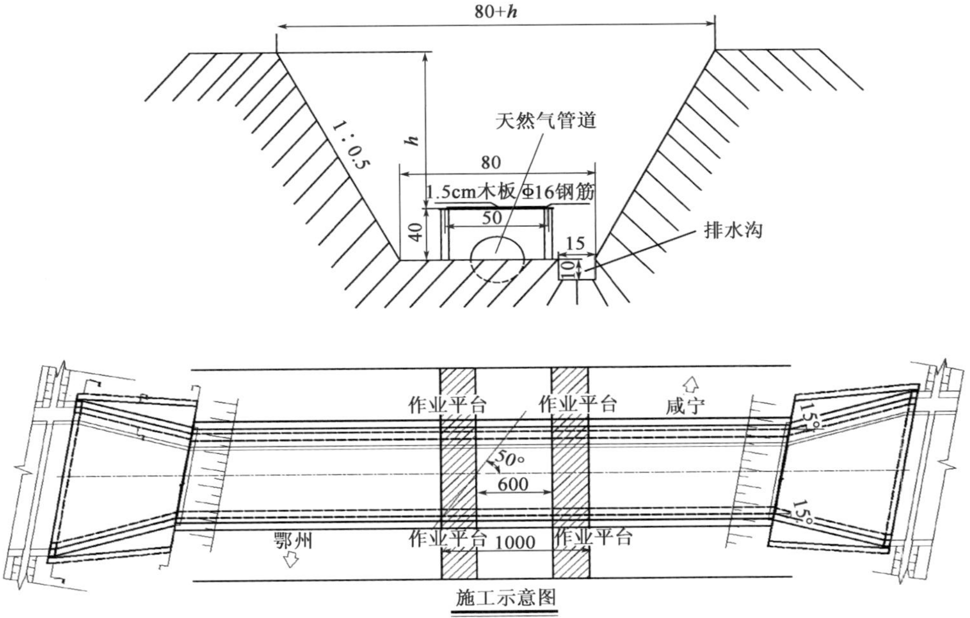

图 5-13 分节段施工示意图(尺寸单位:cm)

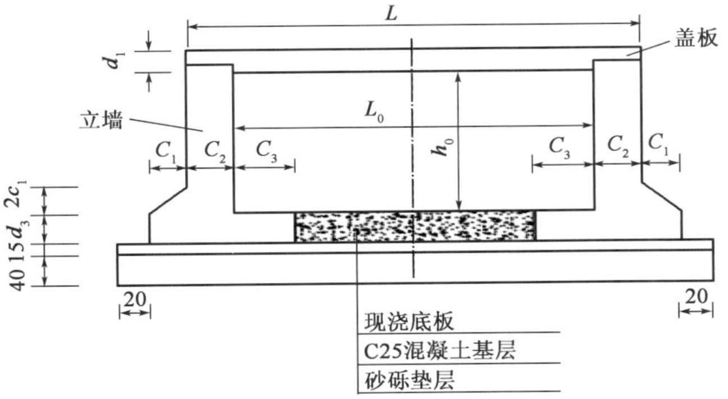

图 5-14 涵洞施工断面图(尺寸单位:cm)

每一节洞身安装结束后,进行板位的精确调整,调整到位后方可进行下一节洞身安装。全部构件安装到位以后仔细检查,切除吊环,最终达到结构平整、美观,且能安全传递荷载,同时避免构件边、角损坏最终结构的洞身尺寸符合设计规范及图纸要求。

9. 现浇底板施工

待预制墙身安装完成后,按设计要求将预制墙身预留底板钢筋进行绑扎和焊接,为保证天然气管道安全,在底板施工前要对管道进行严格支护,外露部分天然气管道还要用土工布包裹,支立模板、浇筑混凝土及拆除模板支架时特别注意不能碰撞天然气管道。

底板混凝土施工图 5-15 采用拌和站集中拌和,混凝土输送车运送,泵送入模。采用插入式振捣器振捣。浇筑完成后及时覆盖塑料布、土工布,并浇水养护。注意与边墙混凝土的连接处理,特别做好边墙钢筋深入基础部分的准确定位。

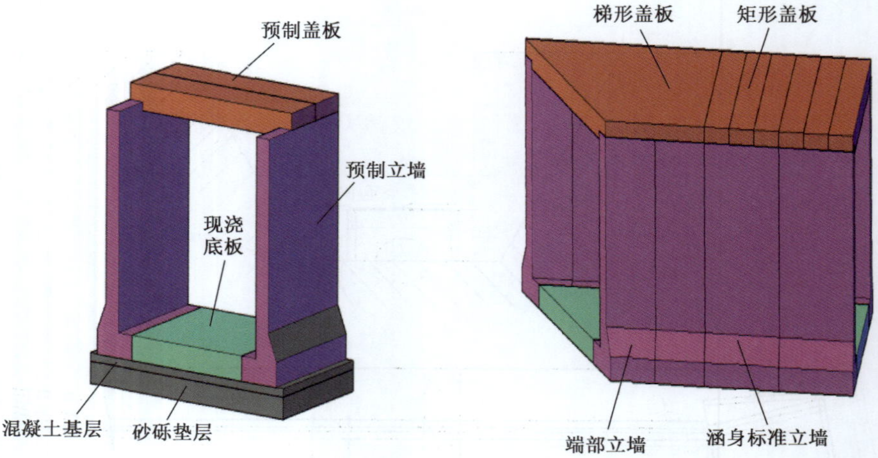

图 5-15 涵洞安装施工图示

10. 八字墙施工

在八字墙基础基坑开挖至设计高程后,及时做好基底承载力试验,如满足设计要求,及时填写好基底质检表,报监理工程师签字认可,进入下道工序。如承载力达不到设计要求,经建设单位、设计代表及监理工程师等现场调查,确定处理方案后,方可进行下道工序施工。洞口八字墙设计基础采用 C25 混凝土、洞口铺砌采用 C20 片石混凝土、墙体采用 C20 素混凝土。片石混凝土施工时,石料强度应符合设计要求。洞口基础施工与墙身基础施工相同。

(1)模板安装

①八字墙模板采用小型钢模进行拼装。模板与墙体接触面应打磨并涂抹脱模剂。

②加固采用 ϕ48mm 钢管、扣件及 ϕ16mm 对拉杆等材料。支撑间距不大于 1m,并用 ϕ16mm 钢筋设置拉筋、相应位置安设对口支撑加固牢固。模板与基础接触处应采用直径不小于 20mm 的螺纹钢筋固定(可于基础施工时预埋)。

③模板安装前,需对基础与墙体接触部分进行凿毛处理。

④模板安装时必须两面立杆挂线或样板挂线,外面线形应顺直整齐,逐层收坡,内面线可大致顺适。安装过程中做到随时检查校正线杆和模板的各部几何尺寸。

(2)混凝土浇筑

①混凝土采用拌和场集中拌和,混凝土运输车运输,混凝土浇筑前对支架、模板进行检查,确保符合设计要求后方可浇筑。

②混凝土采用 25t 汽车起重机配合料斗浇筑。

③混凝土浇筑时应严格控制下料速度,不宜过快,以免扰动模板。

④在串筒出料口下面,混凝土堆积高度不宜超过 1m

(3)八字墙养生

混凝土灌注完毕 10 ~ 12h 以内,需包裹塑料膜并浇水养护。养护期限不得少于 7d。浇水以能保持混凝土湿润为度。当气温低于 5℃时,混凝土严密覆盖,保温保湿,不浇水养护。

(4)模板拆除

①拆除时应逐块拆卸,不得成片撬落,必要时先设立临时支撑,然后进行拆卸,拆下的模板或部件不得随意乱抛。

②拆除部位及四周必须设置临时警戒区,并在醒目部位悬挂警示牌。除作业人员外,不得有其他人员进出。拆模作业人员必须站在平衡牢固可靠的地方,保持自身平衡,不得猛撬,以防失稳坠落。

③拆除模板时禁止使用50mm×100mm 木材或钢模板作立人板。

④高空作业搭设脚手架或操作台,上、下时使用梯子,不许站立在墙上工作。

⑤拆除模板时,作业人员要站立在安全地点进行操作,防止上下在同一垂直面工作。

⑥拆模必须一次拆清,不得留下无撑模板。拆下的模板及时清理,堆放整齐。

⑦指派经培训的人员进行监控,并严格履行职责,做好监控记录。

⑧操作人员严禁酒后作业,严禁穿硬底鞋及有跟鞋作业,高空作业必须系好安全带。

⑨模板拆除后若发现蜂窝麻面等质量缺陷需经监理工程师同意后方可进行修补。

11. 防水层、保护层施工

通涵沉降缝填充材料采用沥青麻筋,沥青麻筋用热沥青浸制,浸制后的麻筋,表面应呈淡黑色,无破裂,撕断面上应呈淡黑色,不应有显示未浸制的部分。沉降缝填塞前,缝内应清扫干净,保持干燥,不得有杂物和积水。缝内原施工时所留的填充材料必须凿除,深度为5cm。用沥青麻筋填塞沉降缝,必须等构筑物养护达到施工图强度,在干燥状态下填缝。沉降缝端面必须整齐、方正,基础和涵身上下不得交错,嵌塞物应紧密填实。沉降缝设置要求上下垂直、贯通。混凝土顶板、侧墙外表面在填土前必须涂刷沥青胶结材料,形成防水层。涂刷的层数为2层,厚度应大于3mm。

12. 台背、涵内回填

涵洞台背采用透水性材料回填至原地面。台背回填采用沙砾土等透水性材料。与路基连接处刷去虚土,开挖台阶宽度和坡度按设计及规范进行,填筑时应在两侧对称施工,人工配合机械卸料、平整;用平板振动夯配合光轮振动压路机压实。在涵背面用墨线划出每层填筑水平线,每层填料厚度为10~15cm,夯实遍数根据试验确定,保证密实度不小于96%,并做压实度测定。涵洞内部用黏土回填,天然气管道填土高度达到100cm,填筑过程中全程采用人工填筑的方式。表5-9为工程量。

天然气管道保护工程量(盖板涵)数量　　表5-9

工程名称	单　位	数　量	备　注
挖方	m^3	1385.29	人工开挖
沙砾垫层	m^3	144.54	—
C30 混凝土	m^3	371.81	—
C25 混凝土	m^3	55.37	—
C20 混凝土	m^3	70.28	—

续上表

工程名称	单位	数量	备注
C20 片石	m^3	38.39	—
钢筋	kg	54239.4	—
填方	m^3	1453	—

五、危险源辨识及风险分析

1.危险源辨识

在开挖施工过程中,一旦引发安全事故,将造成较大的人的生命安全和财产损失。项目部结合施工总体部署、施工工艺、施工工序、施工方法,划分作业活动单元,运用故障树分析法,认真辨识施工过程中能够控制和施加影响的危险源,全面掌握危险源的状况。具体危险源清单见表5-10。

危险源辨识清单 表5-10

序号	作业活动	可能导致的危/伤害类型	主要危险和有害因素(人的不安全行为、物的不安全状态等)
1	工字钢护桩施工	泄漏	管线位置未探明;安全距离不足;未设置安全警示标志;标志标线不清晰
2	水泥搅拌桩施工	倒塌、触电	水泥搅拌设备基础不牢固。电线私拉乱接;电线出现破损、老化;设备和照明设施安装不合格;漏电保护器未安装或存在缺陷
3	基坑开挖	机械伤害、坍塌、火灾、爆炸	操作人员未持证上岗;人员不按操作要求使用;非操作人员操作;机械设备出现故障;保险装置不符合要求。开挖未放坡或坡度不符合设计要求;现场排水不畅。管道破损天然气泄漏;现场人员携带明火;抽烟等不安全行为
4	涵洞底板施工	泄漏	底板钢筋的绑扎或焊接时天然气管道未采取保护措施;管道保护措施不足;混凝土浇筑、支模和拆模时碰撞管道
5	预制构件吊装	起重伤害、倒塌	起重机司机违章操作;指挥信号不明;现场违章指挥;构件绑扎不牢;起吊钢丝绳磨损严重。起重机械支腿不稳
6	八字墙施工	物体打击、高处坠落、触电	人员登高作业不系安全带;作业人员随意掷扣件等建筑材料;扣件、钢管堆放混乱;脚手架平台防护不足。钢筋绑扎焊接作业违规

2.风险分析

通过辨识潜在的危险源,并针对其中存在的危险和有害因素进行风险分析,可知主要风险有:

(1)高处坠落、物体打击。作业人员不安全行为或防护设施不到位等,易发生高处坠落、物体打击,造成人员伤害。

(2)倒塌、坍塌。由于起重机械支腿不稳、水泥搅拌设备基础不牢固造成起重机、搅拌设备倒塌。施工开挖不当,排水不畅,现场严重积水,造成土体坍塌。

(3)机械伤害。使用中,机械的意外故障或人的违章指挥、违章作业、违反劳动纪律,发生机械伤人事故。

(4)触电。施工人员违章操作和使用用电设备、用电设备、照明保险装置失效或施工用电防护出现缺陷造成作业人员触电伤害。

(5)火灾、爆炸。现场天然气的泄漏,因现场人员携带明火等违规行为易造成天然气着火,爆炸,导致人员伤害和其他财产损失。

(6)起重伤害。吊装预制构件作业不符合技术规范要求,现场管理不到位造成作业人员或其他人员伤害。

(7)泄漏。保护措施或安全距离不足,野蛮施工产生的剧烈振动,改变管道上的应力分布,可能造成管道局部破坏,最终导致泄漏。

六、施工安全技术措施

1. 基坑开挖施工安全技术措施

(1)基坑开挖应待搅拌桩施工满足设计规定以后,方可进行开挖。

(2)基坑开挖严格按照施工方案要求,采取自上而下的方式,分层开挖,逐步推进,应按设计做好放坡,不能盲目随意开挖,避免对管道造成破坏。

(3)基坑开挖作业时应时刻关注土壁的变动情况,严密注意边坡的稳定性。若发现土壁有大面积形变、松散裂缝情况,立即停止开挖作业。

(4)基坑开挖过程中如遇地下水涌出,应立即停止开挖,先排水,后开挖。如遇到事先未预见的地下管线,应立即停止作业,严禁敲击、碰撞。

(5)基坑下方作业时应戴好安全帽,严防基坑上方土块或其他物体砸伤。

(6)施工机械在基坑开挖边顶作业时,应与基坑边缘保持足够的安全距离,并应有专人指挥。

(7)基坑开挖距离坑顶边缘2m严禁堆放弃土、钢筋等材料。

(8)基坑周围采用钢管制作1.2m高的防护栏杆,挂设警示标识牌,夜间设红色警示灯,禁止周围村民和儿童闯入发生意外。

2. 临时用电安全技术措施

(1)施工现场临时用电电源线采用“三相五线”制,并按TN－S接零保护系统要求布置。

(2)现场线路架设符合规范要求,并绝缘良好。

(3)用电设备符合要求,所有电气设备的金属外壳必须有可靠的保护接地,严格按照“一机、一闸、一箱、一漏”原则安装和使用。

(4)现场人员使用用电设施严格按照临时用电安全技术规范要求进行作业。

3. 预制构件吊装作业安全技术措施

(1)起重机司机、指挥人员必须经过有关安全专业培训并考核合格,持证上岗。

(2)起重机各项保险装置齐全有效,工作机构正常,制动灵敏可靠,无钢丝绳断丝、露芯、扭结、变形等缺陷。

(3)作业前,起重机必须置于坚硬平整的地面上,起重机支腿支开稳定牢固。

(4)起重机司机、指挥、起重工等操作人员严格执行起重作业安全技术操作规程,正确穿戴劳动防护用品。

(5)吊装作业时严格执行"十不吊"规定。吊装区域内和起重臂回转半径内严禁人员逗留,随时注意起吊构件的升降。

(6)作业完成后,收起起重臂停在安全的地带,熄火关闭电门,制动器处于制动状态。

(7)遇到大雨、大雾、大雪等恶劣天气条件,立即停止吊装作业。

4. 钢筋作业安全技术措施

(1)使用冷拉、切断钢筋加工机械前,必须进行检查,确保机械保护性能完好。

(2)冷拉、切断、弯料等作业必须在地面上进行,严格遵守设备安全操作规程,杜绝违章行为。

(3)现场高处绑扎作业必须搭设操作平台,并做好安全防护措施。禁止将工具、短钢筋随意堆放及随意抛掷材料等行为。

(4)进行焊接作业时,电焊设备符合临时用电安全技术规范要求。

(5)作业区域内严禁堆放易燃易爆物品,禁止明火作业。

5. 模板、混凝土浇筑作业安全技术措施

(1)模板安装应按规定的作业程序进行,模板未固定前不得进行下一道工序。严禁在连接件和支撑件上攀登上下。

(2)安装模板时操作人员应由可靠的落脚点,并应站在安全的地点进行操作,主动避让吊物。

(3)浇筑高度 2m 以上搭设脚手架操作平台,混凝土浇筑时不准直接站在溜槽或模板支撑上作业。

(4)模板安装就位后,内拉杆穿好并紧固螺栓。

(5)使用振捣设备前进行检查,移动时严禁在钢筋或其他锐利物体上硬拉拖拽电缆。

(6)使用振捣棒作业人员穿绝缘胶鞋,戴绝缘手套,戴安全帽,高处作业无可靠安全防护时系好安全带。

(7)浇筑混凝土强度达到设计要求后方可进行模板拆除作业。

(8)拆除作业必须设置警戒区域,无关人员禁止进入现场。严格遵守吊装作业规定。

(9)底板基础施工支模、钢筋、混凝土浇筑作业时禁止碰撞天然气管道。

七、施工安全管理保障措施

1. 安全组织保障

(1)现场人员组成

根据天然气管道防护工程的实际情况,在项目部安全生产领导小组的领导下,加强现场安全管理,现场负责人、施工员、安全员、测量员、协作队伍负责人、班组长、作业人员各负其责。

(2)安全管理责任

现场负责人:对施工现场的人员、机械设备、工程构筑物等安全全面负责,负责施工安全工作的决策和指挥。

施工员:协助现场负责人对施工现场的人员、机械设备、工程构筑物等施工安全工作具体实施决策和指挥。

测量员:负责配合天然气公司技术人员做好现场管道位置的探明和现场施工的测量工作。

安全员:负责现场施工安全工作的监督。

协作队伍负责人:负责督促班组长和作业人员落实现场施工安全措施。

班组长、作业人员:严格遵章守纪,正确穿戴劳动防护用品,做好现场文明施工。

2. 施工前安全管理措施

(1)施工前,积极主动与天然气管道产权单位就施工、管道交叉保护施工事宜进行接洽,协商确定施工作业方案并签订安全防护协议,明确双方的安全管理职责与权限。天然气管道产权单位指派专门人员现场监督、指导施工。

(2)施工前,向附近社区村镇居民就施工可能造成的管道泄漏等影响和危害进行风险告知,告知居民发生紧急情况时积极配合疏散和有关注意事项。

(3)根据项目部的安全规章制度,编写现场安全生产制度、消防保卫制度、环境保护制度、文明施工制度。

(4)项目部安全管理人员对施工从业人员进行风险告知,开展遵章守纪和岗前安全培训教育;施工期间开展日常教育,增强从业人员的安全意识。

(5)项目部负责管理的施工技术人员向承担施工的全体作业人员进行详细的安全技术交底,并形成文件。

3. 现场作业管理措施

(1)现场作业人员正确穿戴符合国家标准或行业标准要求的劳动防护用品,未穿戴者不得从事施工作业。

(2)现场设专职安全管理人员1名,专门负责现场安全管理,与产权单位安全员共同监督落实现场存在的隐患或问题。

(3)电工、焊工、起重工、起重指挥和挖掘机、起重机操作人员必须持证上岗,确保证件的有效性。

(4)现场作业设警戒区,设置明显的安全警示标志,严禁外部车辆及无关人员进入施工现场,避免对管道造成损坏。

4. 施工设备安全管理措施

(1)组织相关人员对挖掘机、起重机等施工设备的产品合格证、制造许可证等资质进场验收,建立设备台账,保证设备符合安全要求。

(2)在投入使用前进行检查,各种保险、限位、制动、防护等安全装置齐全可靠,确保状况良好。

(3)加强对所使用的挖掘机、起重机等施工设备的维修保养,保证其经常处于完好状态;

(4)严禁设备超负荷使用、带病运转和在作业运转中进行维修。

5. 临时用电管理措施

(1)电工日常进行安全巡视,填写巡视记录,做好用电线路和用电设施的维护保养,所有用电设备完好无损、接线正确、绝缘良好、警示标识明显。

(2)建立现场临时用电安全技术档案。

(3)移动或检修电气设备,应首先切断电源。

(4)下班后切断电源,配电箱上锁。

6. 现场文明施工管理措施

(1)严格遵守劳动纪律,施工现场严禁赤脚、赤膊、穿高跟鞋、拖鞋,严禁抽烟或携带火种,随意向现场扔烟头,禁止追逐打闹,禁止酒后作业;严格遵守各项安全操作规程,禁止操作与自己无关的机械设备。

(2)对施工现场道路进行平整,保证坚实、保持畅通。

(3)施工现场设置现场施工平面图、工程概况牌、文明施工牌、重大风险告知牌、安全生产制度牌等;现场标志牌、安全警示牌应醒目清晰,无破损。

(4)根据地形地貌,疏通场地内的排水系统,排水系统处于良好状态,保证现场无积水。

(5)作业场地材料分类有序堆放,及时清理现场钢筋头、遗撒混凝土等建筑垃圾,保持施工现场干净整洁。

7. 安全投入

为了确保施工顺利进行,根据项目部安全生产费用使用管理制度,制订现场安全投入计划,保障施工安全需要。安全生产投入计划见表5-11。

安全生产投入计划表

表5-11

单位:万元

序号	日期	安全管理	安全防护	安全标牌	其他	小计
1	××	5	15	10	1	31
2	××	4	8	3	1	16
3	××	4	6	2	1	13

八、施工安全应急措施

1. 应急组织机构及职责

为加强现场应急组织的领导,快速、及时地开展救援工作,结合施工实际,在项目部应急救援工作领导小组的领导下,成立现场应急处置小组。

(1)现场应急处置小组

组长:现场负责人。

组员:安全员、施工队负责人。

由现场施工班组长、作业人员组成应急救援队,一旦发生事故,具体实施应急救援。

(2)职责

①组长:负责施工现场应急救援工作的决策和指挥,第一时间组织抢险救援。

②施工员:协助组长组织施工现场应急救援工作。组长不在岗履职时代行应急职权。

③安全员:负责现场警戒,维持现场秩序,保护事发现场。

④协作队伍负责人:协助组织应急救援队具体实施现场应急抢险救援。

2. 应急响应程序

(1)信息报告。事故发生后,现场负责人立即向分部、项目部应急救援领导小组汇报,有关领导接到事故报告后,迅速赶赴事故现场,组织指挥事故救援。

(2)先期处置。分部、项目部应急救援人员到达现场前,现场应急处置小组启动现场处置方案,进行先期处置。

(3)扩大应急。当事故应急影响范围超出现场处置能力时立即向社会救援力量求援。

3. 应急处置措施

(1)物体打击事故应急处置措施

①事故发生后,迅速移走基坑上方和周围可能继续产生危险的坠落物和其他障碍物,避免发生二次伤害。

②立即对施工现场实施封闭或半封闭管制,引导车辆快速驶离危险地带。同时为医护人员留出救援通道。

③迅速将伤员脱离危险场地,转移到安全地方,保护好事故现场。

④现场人员立即根据其受伤部位、性质,对受伤人员诊断,采取止血措施,防止受伤人员大量失血、休克、昏迷等。伤者明确表示受伤较轻,现场人员协助处理伤情,及时观察伤情变化。

⑤伤情较轻的,派车立即送往就近医院进行抢救,相关人员陪同,以便说明伤员的伤势情况,受伤部位、性质,以利医院做好准备。

⑥伤情较重的,立即拨打120,应详细说明事故地点、严重程度,并派人到相应路口接应。

⑦急救中心救护人员赶到后,现场人员应配合120医疗急救人员进行救治,并送医院治疗。如因客观原因导致120救护车没有及时赶到,现场应立即将伤者用担架抬上现场救援车辆送医院救治。

(2)高处坠落事故应急处置措施

①立即对施工现场实施封闭或半封闭管制,引导车辆快速驶离危险地带。同时为医护人员留出救援通道。

②发现人员受伤,不可急速移动或摇动伤者身体,应多人平托伤者身体,立即将伤员脱离危险场地,转移到安全地方,缓慢将其放在平坦的地面上,采取防止受伤人员大量失血、休克、昏迷等紧急救护措施进行抢救。

③伤情较轻的,派车立即送往就近医院进行抢救,相关人员陪同,以便说明伤员的伤势情况,受伤部位、性质,以利医院做好准备。

④伤情较重的,立即拨打120医疗急救电话,应详细说明事故地点、严重程度,并派人到相应路口接应。

⑤急救中心救护人员赶到后,现场人员应配合120医疗急救人员进行救治,并送医院治疗。如因客观原因导致120救护车没有及时赶到,现场应立即将伤者用担架抬上现场救援车辆送医院救治。

(3)坍塌事故应急处置措施

①发生坍塌事故后,先检查塌方处是否还有可能的塌方危险。

②当确认无危险后,立即在施工区域实施封闭或半封闭管制,引导车辆快速驶离危险地带,为医疗救助人员留出救援通道。

③立即组织挖掘机等救援设备进行现场抢险,如还可能造成二次塌方,则必须采取设置警戒线及警戒标志等有效措施控制。

④如发现人员被埋、被压的情况,在确保安全的前提下,救援人员用铁锹和手进行挖掘,并注意不要伤及被埋人员。同时立即拨打120,应详细说明事故地点、严重程度,并派人到路口接应。

⑤救援人员通过担架等适当方式立即将伤员脱离危险场地,转移到安全地方,现场人员立即采取防止受伤人员大量失血、休克、昏迷等紧急救护措施,进行抢救。

⑥伤情较轻的,派车立即送往就近医院进行抢救,相关人员陪同,以便说明伤员的伤势情况,受伤部位、性质,以利医院做好准备。

⑦伤情较重的,立即拨打120医疗急救电话,应详细说明事故地点、严重程度,并派人到相应路口接应。

⑧急救中心救护人员赶到后,现场人员应配合120医疗急救人员进行救治,并送医院治疗。如因客观原因导致120救护车没有及时赶到,现场应立即将伤者用担架抬上现场救援车辆送医院救治。

(4)机械设备伤害应急处置措施

①立即停止机械设备操作,并停放稳固,避免机械设备倾覆。

②立即组织人员抢救伤员,观察伤员受伤部位和失血情况,进行伤情诊断。伤情轻伤的,对伤者进行消毒、止血、包扎、止痛、固定等临时措施,防止伤情恶化,然后派车将伤者送往附近医院处理。

③伤情较重的,立即采取防止受伤人员大量失血、休克、昏迷等紧急救护措施,进行现场抢救。同时拨打120急救电话。应详细说明事故地点、严重程度,并派人到相应路口接应。

④急救中心救护人员赶到后,现场人员应配合120医疗急救人员进行救治,并送医院治疗。如因客观原因导致120救护车没有及时赶到,现场应立即将伤者用担架抬上现场救援车辆送医院救治。

(5)触电事故应急处置措施

①施工现场人员立刻切断电源,脱离电源,亦可用绝缘材料将触电人员脱离带电体。

②将伤员迅速脱离危险地方,组织人员就地进行抢救。

③如触电者伤势较轻,神态比较清醒,仅有心慌、四肢发麻、发软、乏力、心跳不规则等现象,应就地休息,不要立刻走动,减少心脏负担。

④如触电者呼吸或呼吸心跳均停止,将伤员仰卧在平地上或平板上立即进行人工呼吸或同时进行体外心脏按压,并立即拨打120向当地急救中心求救,说明事故地点、严重程度、联系

电话，派人到相应路口接应。

⑤急救中心救护人员赶到后，现场人员应配合120医疗急救人员进行救治，并送医院治疗。如因客观原因导致120救护车没有及时赶到，现场应立即将伤者用担架抬上现场救援车辆送医院救治。

(6)火灾爆炸事故应急处置措施

①疏散救援。立即切断电源，组织疏散附近居民和人员，抢救伤亡人员，隔离火灾危险源和重要物资。

②初期火灾扑救。当施工现场发生火灾后，要立即组织现场人员充分利用施工现场的消防设施器材进行灭火。同时拨打120急救电话，向消防救援机构求援，并派人到相应路口接应。

③协助消防队灭火。在自救的基础上，当专业消防队到达火灾现场后，现场人员要简要向消防队负责人说明火灾情况，并全力支持消防队员灭火，听从消防队的指挥，齐心协力，共同灭火。

④保护现场。当火灾发生时和扑救完毕后，派人保护好现场，维护好现场秩序。同时，立即清理，采取其他有效措施，从而将火灾事故对环境造成的污染降低到最低程度。

4. 应急保障措施

(1)通信和信息保障(略)

(2)应急救援设备物资保障

根据本标段施工的性质、特点和应急救援工作的实际需要，有针对性地配备应急救援设备物资，并进行经常维护、保养。应急救援设备物资见表5-12。

应急救援设备物资一览表　　表5-12

序号	名　称	型　号	应急用途	单　位	数　量	存放地点	负责人
1	担架	××	现场救护	付	××	现场仓库	××
2	安全帽	××	现场救护	顶	××	现场仓库	××
3	药箱	××	现场救护	只	××	现场仓库	××

(3)施工现场应急救援设施及道路平面图、现场应急医疗急救路线图、现场应急逃生路线图见附件。

九、安全检查和监控监测

项目部认真贯彻执行有关质量和安全规定，切实做好作业前后各个施工工序的检查整改和监测监控，杜绝各种安全事故的发生。

1. 安全检查

(1)施工期间，项目部组织相关人员每月两次定期对施工现场开展安全生产检查，检查方案实施情况。

(2)分部每周定期对施工现场开展安全检查，检查方案实施情况。

(3)现场专职安全管理人员每天对施工现场进行巡查，做好安全施工日志，掌握施工的安全状况,安全施工。

(4)现场每一道工序施工之前,须进行安全检查验收,并填写相关验收资料,验收合格后方可进行施工。

2. 监控监测

(1)现场施工员、质检员、测量员、作业人员等按照职责和权限,对现场安全实施监控,发现现场存在隐患时,及时报告项目安全部门和现场专职安全管理人员,以便第一时间消除隐患。

(2)加强天然气泄漏监测。配合管道权属单位技术人员对施工期间的天然气泄漏监测,发现异常及时处置,确保施工安全。

第四节 鄂咸高速公路 K56 +962 处上跨天然气管道专项施工方案

为切实做好 K56 +962 天然气管道开挖施工的安全防控,确保施工安全处于可控状态,防止和杜绝安全事故的发生,保障工程施工的顺利进行,确保管线正常运营,结合施工实际情况,制订本方案。

一、编制依据与目标

1. 编制依据

(1)《中华人民共和国安全生产法》(2014 年,中华人民共和国主席令第 13 号)

(2)《中华人民共和国石油天然气管道保护法》(2010 年,中华人民共和国主席令第 30 号)

(3)《中华人民共和国职业病防治法》(2018 年,中华人民共和国主席令第 24 号)

(4)《中华人民共和国消防法》(2009 年,中华人民共和国主席令第 6 号)

(5)《生产安全事故报告和调查处理条例》(中华人民共和国国务院令第 493 号)

(6)《建设工程安全生产管理条例》(中华人民共和国国务院令第 393 号)

(7)《公路水运工程安全生产监督管理办法》(中华人民共和国交通运输部 2017 年第 25 号令)

(8)《危险性较大的分部分项工程安全管理规定》(建质〔2018〕37 号)

(9)《公路桥涵施工技术规范》(JTG F50—2011)

(10)《公路桥涵地基与基础设计规范》(JTG D63—2007)

(11)《公路工程施工安全技术规范》(JTG F90—2015)

(12)《施工现场临时用电安全技术规范》(JGJ 46—2005)

(13)《建筑施工高处作业安全技术规范》(JGJ 80—2016)

(14)《公路工程质量检验评定标准》(JTG F80/1—2017)(土建工程)

(15)《装配式公路钢桥多用途手册》

(16)《公路施工手册——桥涵》(上、下册)

(17)鄂咸高速公路施工图设计
(18)湖北省鄂咸高速公路 K62 +835 保护涵通道设计图纸
(19)建设单位印发的与本合同段工程有关的文件、办法
(20)建设单位、监理单位及中石化公司对天然气管道保护的有关要求

2. 安全目标

(1)杜绝伤亡事故。
(2)杜绝因天然气泄漏或火灾爆炸引发的重大生态环境破坏或重大社会影响事件。

二、工程概况

1. 危险性较大工程概况

管道桩号 ELZ007 位于鄂州市梁子湖区太和镇牛石村,与湖北鄂咸高速公路桩号 K56 + 926 处交叉,交叉角度为 41°,管道管径为 1016mm,管道埋深 2m 左右,管道并行铺设一条通信光缆。为了确保管道的绝对安全,设计 6m × 4.5m 的人行通道,采用盖板涵预制拼装工艺施工。为保证施工当中与川气东送管道交叉作业的安全,在 K56 + 926 右侧设置工字钢便桥 1 座,跨径为 5.0m,宽度为 6.0m,便桥设计荷载 800kN。

2. 工程施工条件

根据实地踏勘,k56 + 962 处与管道交叉处施工现场属于低丘地带,西侧地势略高,东侧地势略低。管道中心线两侧附近水稻田,无鱼塘、河流。200m 范围内无村镇社区,无爆破施工作业活动(图 5-16)。地貌为原始地貌,土壤以粉质黏土为主。

图 5-16　工程施工条件

三、施工总体部署

1. 施工计划

根据总体施工组织安排,同时根据该座涵洞的工程量、施工难度、施工工艺以及工期要求,结合当地的气候、温度情况,依据设计图纸,主要施工节点时间如下:
(1)施工准备:自 × × × 始至 × × × 止。

(2)基坑开挖第一阶段(分节段,间隔施工):自×××始至×××止。
(3)垫层及涵洞基层施工第一阶段(分节段,间隔施工):自×××始至×××止。
(4)涵洞墙身及盖板施工第一阶段(分节段,间隔施工):自×××始至×××止。
(5)剩余节段施工:自×××始至×××止。
(6)进出口翼墙施工:自×××始至×××止。
(7)涵洞基坑回填:自×××始至×××止。

2. 人员及主要设备配置

为了能够保质保量按时完成工程,项目部已组织相关人员和配备设备准备投入施工,具体人员配备及主要机械设备如下:

(1)施工人员的配置

现场管理人员5人,施工队长2人,质检人员1人,技术负责人员1人,专职安全人员1人,混凝土工3人,木工3人,钢筋工5人,电工1人,普工10人,吊装工6人。

(2)机械、设备的配置

挖掘机1台(带啄木鸟),70t汽车起重机1台,50kW发电机1台,振捣棒3个,水泵2台,钢筋弯曲机1台、工程车辆3台。

3. 主要材料配置(略)

4. 全封闭围挡

为了避免施工期间外界人为因素对管线安全营运的影响,并提高文明施工水平,根据施工需要设置施工围挡。围挡安置应整齐稳固,安置的位置应以不妨碍正常施工和隔离管线为原则,除出入口外必须连续封闭,保证施工现场与外界隔离。围挡区附近不准堆放余土、施工材料及其他杂物,并保证该范围内整洁。

5. 钢便桥施工

按照中石化川气东送天然气管道有限公司的相关要求,为保证重型机械(混凝土搅拌车、汽车起重机等)跨越管道作业需求,解决先期开工的路基土石方工程能正常施工,土石方运输需要,在主线工程K56+926通道没有施工前,先在右侧便道管道上方修筑一座钢便桥(图5-17)。从结构可靠性、经济性及施工工期要求等多方面因素综合考虑,便桥采用11片45型工字钢作为主梁,工字钢与工字钢之间采用钢筋进行焊接连接,并在工字钢上铺设20mm厚钢板,保证工字钢稳定并整体受力。两侧承台采用C30混凝土浇筑,长度7.1m、宽度1.5m、高度1m。钢便桥设计荷载800kN。

(1)基础开挖

为了确保输气管道及通信光缆的绝对安全,首先要采用人工开挖探坑验证管道、光缆的具体位置、埋深。在开挖基础的过程中全部采用人工开挖,坚决不动用机械进行开挖。尽量减少开挖面,在能够保证地基承载力的情况下,尽量挖浅基础,严格按照测量放样的点位进行开挖,并邀请中石化川气东送天然气管道有限公司技术人员到现场指导。

(2)条形基础混凝土施工

条形基础长度7.0m,宽度控制在1.5m,厚度为内侧0.5m,外侧1m。采用C30混凝土浇筑。现场施工时,采用钢模板支模,利用水泥混凝土搅拌运输车自卸,320 挖掘机配合进行混凝土浇筑。现场配合工人振捣,保证施工质量。在混凝土初凝前,插入工字钢限位钢筋,工字钢两侧各 1 根,位置应准确。钢便桥条形基础与天然气管道平行布置。

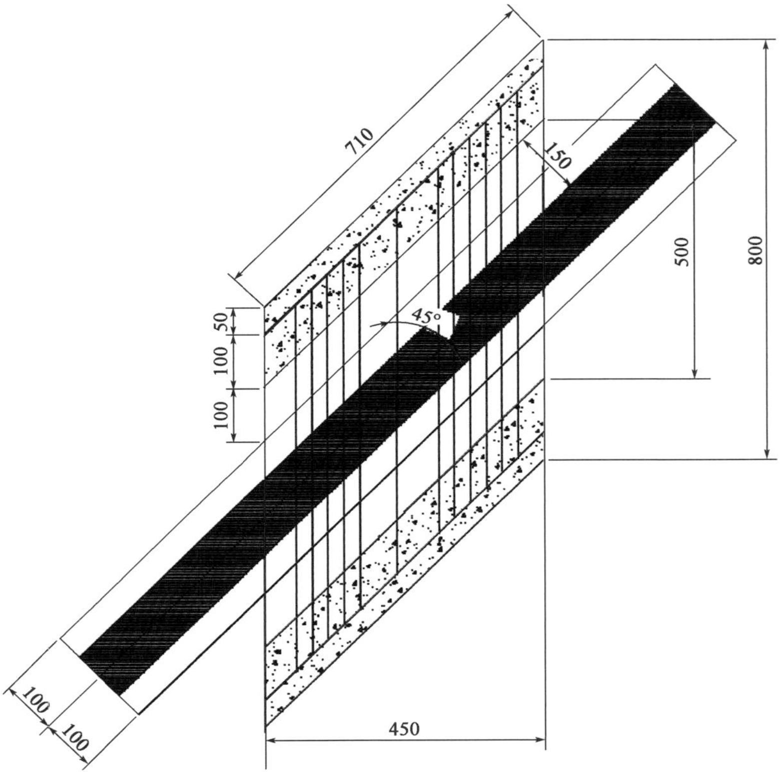

图 5-17　钢便桥(尺寸单位:cm)

(3)承重梁及桥梁板安装

待条形基础混凝土强度达到 75% 后,采用挖掘机配合工人进行工字钢安装。就位的工字钢先与限位钢筋焊接,保证工字钢的位置及间距,后采用的钢筋进行工字钢的横向连接,每 1m 连接一道;完成后上铺 2cm 钢板,与工字钢焊接,保证 11 根工字钢整体受力。

桥面施工完成后,在两侧设置高度 1.2m 的护栏,并放置反光贴及警示灯,按相关规定要求在便桥两侧设置限速,限重,减速慢行等标志。

桥梁在设计时已考虑桥位区管线的保护因素,与管最近距离 1.5m,桥台与管线间互不干扰。施工前在管线两侧各 1.5m 的范围设置隔离栏杆,将管线进行封闭保护,任何设备及材料均不得进入隔离区,即可对管线进行有效保护。

四、施工工艺技术

施工工艺流程如下:

测量放线→管道探明→基槽、排水沟开挖→工字钢桩防护→基础施工→预制墙身、盖板安装→底板混凝土浇筑→进出口翼墙施工→沉降缝、防水层施工→回填(基坑及涵洞内)。

施工工艺流程图(略)。

1. 测量放线

测量人员根据设计图纸及技术规范要求对该涵洞的导线点、水准点及涵洞轴线进行全面的复核测量,测量精度符合相关规定。利用全站仪根据测量数据准确地对该涵洞基础进行放样,现场用控制木桩及白石灰粉进行了标注。控制桩布置在构造物基坑开挖线外大于等于3m便于长期保存的地方,并用水泥混凝土加以保护,监理工程师复核签认后,作为细部放样的依据。

根据设计院所交控制点,用莱卡TS06全站仪放出涵洞基础的轴线的法线方向放出细部放样控制桩,用水泥混凝土加固,以备基坑开挖、混凝土基础浇筑、台身和洞口放样时复核之用。

2. 管道探明

(1)施工前,根据建设单位和地下管线相关单位提供的天然气管道资料,采用物探手段对施工范围的管道进行确认,并且开挖探坑,摸清管道的位置、深度、直径、天然气管道的走向,在施工图上明确标明。

(2)在施工范围内的天然气管道所在位置设立标识牌,沿管道走向每隔3m设置一处标识牌,标明管道名称。

3. 基槽开挖

基槽实行分段开挖,由于此次通道涵保护长度为32.52m,加上洞口八字墙基础长度8.5×2=17.00m的长度共计49.52m左右,按照中石化原油管道武汉输油处的要求,计划分段开挖基坑,计划分6段开挖,每段开挖长度控制在8.0m左右。开挖深度至管道底部使管道和伴行光缆完全裸露,以便确定管道和伴行光缆的准确走向位置。

在基槽开挖范围内预留离原油管线不小于1m范围的石油土层作为施工缓冲保护区,采用人工开挖剥离土方的方法进行施工,中石化原油管道武汉输油处的专业技术人员现场监护,并请中石化原油管道武汉输油处技术人员旁站指导。在开挖接近管道时用铁锹、锄头等工具,不能用力太猛、防止伤害管线的保护层。

管线5m以外的范围土方采用机械开挖,自卸汽车弃运土方,不分段整体开挖基槽,分两层开挖。第一层开挖至管线暴露一半的高度位置,开挖深度为2m左右,开挖边坡按照1:1进行控制。第二层采用放坡开挖(坡度为1:1.5)并根据开挖的现场地质情况确定是否需要采取边坡防护。

4. 工字钢桩防护

基槽开挖过程中考虑到管道正下方预留的土体为原管沟回填土,随时可能滑塌,使原油管线、伴行光缆处于悬空状态,危及管线和光缆的安全。鉴于此,管道下正方预留土体采用管道两侧工字钢桩支护,以保证其不受任何扰动,不位移不变形,抵抗意外风险破坏。

采用I16工字钢桩作为预防管道下方土体垮塌的支护体系,工字钢桩嵌入基坑底土体不小于1.0m,交叉处工字钢支护体系长为2×75m;工字钢桩设置一般间距为0.3m,桩顶比管道顶高出0.5m,在桩顶设置横向对拉支撑。

5. 基础施工

(1)基础模板安装及校验

基础采用 I16 槽钢作为基础模板，模板使用前用磨光机将模板表面锈迹清除干净。为使混凝土表面光洁，棱角整齐，在混凝土浇筑前模板表面应涂刷脱模剂。基础应错开浇筑，沉降缝需错开浇筑。

(2)基础混凝土浇筑

混凝土采用拌和站集中拌和，在开盘前，应根据理论配合比和集料含水量计算施工配合比。集料采用称重法，施工中不得随意增减。上料顺序依次是石子、水泥、砂。拌和时严格控制搅拌时间，保证拌和料混合均匀、颜色一致。施工过程中随时检查和校正混凝土的流动性，严格控制水灰比，不得任意增加用水量。

混凝土采用混凝土运输罐车运输至施工现场。在混凝土运输过程中造成离析或拌和时间不够的混凝土熟料不允许入模，应重新拌制后才能使用。混凝土倾落高度大于 2m 时应采用溜管、溜槽或串筒输送。摊铺时应注意分散倾倒时滚落于一处的集料，靠模板边侧不允许有集中大颗粒集料。

6. 预制墙身及盖板吊装

本工程采取一组 1 台 70t 汽车起重机、两台 25t 汽车起重机负责吊装施工，把预制件向规定的位置就位安装。

(1)起吊时一般情况下吊臂不应变幅。严禁向下(即不安全方向)变幅，因向下变幅容易产生超负荷状态，如向上变幅时，所产生的分力较大也容易产生超荷失稳。

(2)待构件起吊上升至超过支承点高度 20～30cm 时各吊臂向同一方向旋转，待指挥员确认构件支点转至承托点(投影)上方时，才徐徐落下，此时较为安全可作变幅、对线就位。

(3)双机抬吊的构件一般较重、较大型，此时应十分注意吊臂的强度，必须按照使用说明书的规定控制伸臂长度，不得盲目伸长吊臂，以免出现折臂造成事故。注意检查卷扬机钢丝绳长度是否足够，其与滑轮组的倍率必须满足该项吊装作业的使用要求。

(4)吊重物时必须统一指挥，由指挥员确定汽车起重机摆设的位置。一般多台汽车起重机同时操作时，每机必须配一名联络员传达指挥员的指令，并注意支腿有无下陷和浮动等危险状况。

7. 现浇底板混凝土施工

洞内底板支撑梁采用现浇方式进行，支撑梁尺寸为 5.0m×0.3m×0.4m，间距为 2～3m 一道，支撑梁处的土方或岩石全部采用人工开挖及凿除，全部凿除后按照设计图纸安装钢筋及模板，浇筑现浇混凝土，保证支撑梁的完整性。

8. 进出口翼墙施工

(1)钢筋制作安装

本工程钢筋采用 HRB400 级钢筋。钢筋都在现场制作，绑扎。钢筋施工完成需要经过验收合格后才能进行下一步工序。钢筋材料要有质量证明文件。

(2)模板支撑

模板按照接触面积支模,做好模板固定,防止跑浆。模板脱模必须在混凝土强度达到要求时才能进行。模板施工前后需要符合尺寸,满足设计结尺寸才能进行混凝土浇筑。

9.沉降缝、防水层施工

盖板涵间隔10m设置沉降缝1道,缝宽20mm,缝内用沥青麻丝填缝。

10.涵洞回填

(1)管道盖板洞内回填全部采用细砂进行回填,采用人工回填。
(2)管道周围对称回填,分层回填夯实。
(3)回填前对涵洞内进行清理建筑垃圾等杂物清理干净,积水排除。
(4)分层回填压实。回填土内不能含有碎石块,腐殖质杂土,粒径不超过10mm。

五、危险源辨识及风险分析

1.危险源辨识

项目部结合施工总体部署、施工工艺、施工工序、施工方法,划分作业活动单元,运用故障树分析法,认真辨识施工过程中能够控制和施加影响的危险源,全面掌握危险源的状况。具体危险源清单见表5-13。

危险源辨识清单　　表5-13

序号	作业活动	可能导致的危/伤害类型	主要危险和有害因素(人的不安全行为、物的不安全状态等)
1	钢便桥施工	坍塌、机械伤害	条形基础强度不够;未按照设计搭设;操作人员违规作业
2	排水沟、基槽开挖	机械伤害、坍塌、泄漏、火灾爆炸	操作人员不按操作规程操作;挖掘机非操作人员操作,挖掘机安全保险装置不符合要求;开挖未放坡或坡度不符合设计要求,现场排水不畅;管道破损石油泄漏;携带明火
3	涵洞基础施工	机械伤害、触电	现场人员违章作业
4	涵洞底板施工	泄漏、倒塌	混凝土运输罐车停放处基础不坚实平整;底板钢筋的绑扎时管道未采取保护措施;管道保护措施不足;混凝土浇筑、支模和拆模时碰撞管道
5	预制墙身、盖板安装	起重伤害、倒塌	司机违章操作;指挥信号不明;现场违章指挥;构件绑扎不牢;起吊钢丝绳磨损严重;起重机械支腿不稳
6	进出口翼墙施工	物体打击、高处坠落、触电	人员登高作业不系安全带;作业人员随意掷扣件等建筑材料;扣件、钢管堆放混乱;脚手架平台防护不足。钢筋绑扎焊接作业违规

2.风险分析

通过辨识潜在的危险源,并针对其中存在的危险和有害因素进行风险分析可知,主要风险有：

（1）高处坠落、物体打击。作业人员不安全行为或防护设施不到位等，易发生高处坠落、物体打击，造成人员伤害。

（2）倒塌、坍塌。由于起重机械支腿不稳、混凝土搅拌运输车基础不稳造成起重机、搅拌车辆倒塌。施工开挖不当，排水不畅，现场严重积水，造成土体坍塌。

（3）机械伤害。使用中，挖掘机的意外故障或人的违章指挥、违章作业、违反劳动纪律，发生机械伤人事故。

（4）触电。施工人员违章操作用电设备、用电保险装置失效或施工用电防护出现缺陷造成作业人员触电伤害。

（5）火灾爆炸。现场天然气的泄漏，因现场人员携带明火等违规行为易造成火灾爆炸，导致人员伤害和其他财产损失。

（6）起重伤害。吊装预制构件作业不符合技术规范要求，现场管理不到位造成作业人员或其他人员伤害。

（7）泄漏。保护措施或安全距离不足，野蛮施工产生的剧烈振动或悬空，改变管道上的应力分布，可能造成管道局部破坏，最终导致泄漏。

六、施工安全技术措施

1. 基坑（槽）开挖施工安全技术措施

（1）基坑开挖严格按照施工方案要求，采取自上而下的方式，分层开挖，逐步推进，应按设计做好放坡，不能盲目随意开挖，避免对管道造成破坏。

（2）基坑开挖作业时应时刻关注土壁的变动情况，严密注意边坡的稳定性。若发现土壁有大面积形变、松散裂缝情况，立即停止开挖作业。

（3）基坑开挖过程中如遇地下水涌出，应立即停止开挖，先排水，后开挖。如遇到事先未预见的地下管线，应立即停止作业，严禁敲击、碰撞。

（4）基坑下方作业时应戴好安全帽，严防基坑上方土块或其他物体砸伤。

（5）施工机械在基坑开挖边顶作业时，应与基坑边缘保持足够的安全距离，并应有专人指挥。

（6）基坑开挖距离坑顶边缘2m严禁堆放弃土、钢筋等材料。

（7）基坑周围采用钢管制作1.2m高的防护栏杆，挂设警示标识牌，夜间设红色警示灯，禁止周围村民和儿童闯入发生意外。

2. 临时用电安全技术措施

（1）施工现场临时用电电源线采用“三相五线”制，并按TN-S接零保护系统要求布置。

（2）现场线路架设符合规范要求，并绝缘良好。

（3）用电设备符合要求，所有电气设备的金属外壳必须有可靠的保护接地，严格按照“一机、一闸、一箱、一漏”原则安装和使用。

（4）现场人员使用用电设施严格按照临时用电安全技术规范要求进行作业。

3. 预制构件吊装作业安全技术措施

(1)起重机司机、指挥人员必须经过有关安全专业培训并考核合格,持证上岗。

(2)起重机各项保险装置齐全有效,工作机构正常,制动灵敏可靠,无钢丝绳断丝、露芯、扭结、变形等缺陷。

(3)作业前,起重机必须置于坚硬平整的地面上,起重机支腿支开稳定牢固。

(4)起重机司机、指挥、起重工等操作人员严格执行起重作业安全技术操作规程,正确穿戴劳动防护用品。

(5)吊装作业时严格执行“十不吊”规定。吊装区域内和起重臂回转半径内严禁人员逗留。

(6)作业完成后,收起起重臂停在安全的地带。

(7)遇到大雨、大雾、大雪等恶劣天气条件,立即停止吊装作业。

4. 钢筋制作、模板、混凝土浇筑作业安全技术措施

(1)使用冷拉、切断钢筋加工机械前,必须进行检查,确保机械保护性能完好。

(2)冷拉、切断、弯料等作业必须在地面上进行,严格遵守设备安全操作规程,杜绝违章行为。

(3)现场高处绑扎作业必须搭设操作平台,并做好安全防护措施。禁止将工具、短钢筋随意堆放及随意抛掷材料等行为。

(4)进行焊接作业时,电焊设备符合临时用电安全技术规范要求。

(5)作业区域内严禁堆放易燃易爆物品,禁止明火作业。

(6)模板安装应按规定的作业程序进行,模板未固定前不得进行下一道工序。严禁在连接件和支撑件上攀登上下。

(7)安装模板时操作人员应有可靠的落脚点,并应站在安全的地点进行操作,主动避让吊物。

(8)浇筑高度2m以上搭设脚手架操作平台,混凝土浇筑时不准直接站在溜槽或模板支撑上作业。

(9)模板安装就位后,内拉杆穿好并紧固螺栓。

(10)使用振捣设备前进行检查,移动时严禁在钢筋或其他锐利物体上硬拉拖拽电缆。

(11)使用振捣棒作业人员穿绝缘胶鞋,戴绝缘手套,戴安全帽,高处作业无可靠安全防护时系好安全带。

(12)浇筑混凝土强度达到设计要求后方可进行模板拆除作业。

(13)拆除作业必须设置警戒区域,无关人员禁止进入现场。严格遵守吊装作业规定。

(14)底板基础施工支模、钢筋、混凝土浇筑作业时禁止碰撞管道。

七、施工安全管理保障措施

1. 安全组织保障

(1)现场人员组成

根据工程的实际情况,在项目部安全生产领导小组的领导下,加强现场安全管理,现场负

责人、施工员、安全员、测量员、协作队伍负责人、班组长、作业人员各负其责。

(2)安全管理责任

现场负责人:对施工现场的人员、机械设备、工程构筑物等安全全面负责,负责施工安全工作的决策和指挥。

施工员:协助现场负责人对施工现场的人员、机械设备、工程构筑物等施工安全工作具体实施决策和指挥。

测量员:负责配合产权单位技术人员做好现场管道位置的探明和现场施工的测量工作。

安全员:负责现场施工安全工作的监督。与管道权属单位技术人员对人员进行安全教育与安全技术交底。

协作队伍负责人:负责督促班组长和作业人员落实现场施工安全措施。

班组长、作业人员:严格遵章守纪,正确穿戴劳动防护用品,做好现场文明施工。

2. 施工前安全管理措施

(1)施工前,积极主动与管道产权单位就施工、管道交叉保护施工事宜进行接洽,办理相关手续,协商确定施工作业方案并签订安全防护协议,明确双方的安全管理职责与权限。管道产权单位指派专门人员现场监督、指导施工。

(2)施工前,向附近社区村镇居民就施工可能造成的管道泄漏等影响和危害进行风险告知,告知居民发生紧急情况时积极配合疏散和有关注意事项。

(3)根据项目部的安全规章制度,编写现场安全生产制度、消防保卫制度、环境保护制度、文明施工制度。

(4)项目部安全管理人员对施工从业人员进行风险告知,开展遵章守纪和岗前安全培训教育;施工期间开展日常教育,增强从业人员的安全意识。

(5)项目部负责管理的施工技术人员与管道权属单位技术人员一起向承担施工的全体作业人员进行详细的现场安全技术交底,并形成文件。

3. 现场作业管理措施

(1)现场作业人员正确穿戴符合国家标准或行业标准要求的劳动防护用品,未穿戴者不得从事施工作业。

(2)现场设专职安全管理人员1名,专门负责现场安全管理,与产权单位安全员共同监督落实现场存在的隐患或问题。

(3)电工、焊工、起重工、起重指挥和挖掘机、起重机操作人员必须持证上岗,确保证件的有效性。

(4)现场作业设警戒区,设置明显的安全警示标志,严禁外部车辆及无关人员进入施工现场,避免对管道造成损坏。

4. 施工设备安全管理措施

(1)组织相关人员对挖掘机、起重机等施工设备的产品合格证、制造许可证等资质进场验收,建立设备台账,保证设备符合安全要求。

(2)在投入使用前进行检查,各种保险、限位、制动、防护等安全装置齐全可靠,确保状况良好。

（3）加强对所使用的挖掘机、起重机等施工设备的维修保养，保证其经常处于完好状态；

（4）严禁设备超负荷使用、带病运转和在作业运转中进行维修。

5. 临时用电管理措施

（1）电工日常进行安全巡视，填写巡视记录，做好用电线路和用电设施的维护保养，所有用电设备完好无损、接线正确、绝缘良好、警示标识明显。

（2）建立现场临时用电安全技术档案。

（3）移动或检修电气设备，应首先切断电源。

（4）下班后切断电源，配电箱上锁。

6. 现场文明施工管理措施

（1）严格遵守劳动纪律，施工现场严禁赤脚、赤膊、穿高跟鞋、拖鞋，作业现场严禁抽烟或携带火种，随意向现场扔烟头，禁止追逐打闹，禁止酒后作业；严格遵守各项安全操作规程，禁止操作与自己无关的机械设备。

（2）对施工现场道路进行平整，保证坚实、保持畅通。

（3）施工现场设置现场施工平面图、工程概况牌、文明施工牌、重大风险告知牌、安全生产制度牌等，现场标志牌、安全警示牌应醒目清晰，无破损。

（4）根据地形地貌，疏通场地内的排水系统，排水系统处于良好状态，保证现场无积水。

（5）作业场地材料分类有序堆放，及时清理现场钢筋头、遗撒混凝土等建筑垃圾，保持施工现场干净整洁。

7. 安全投入

为了确保施工顺利进行，根据项目部安全生产费用使用管理制度，制定现场安全投入计划，保障施工安全需要。安全生产投入计划见表5-14。

安全生产投入计划表

表5-14

单位：万元

序号	日期	安全管理	安全防护	安全标牌	其他	小计
1	××	5	15	10	1	31
2	××	4	8	3	1	16
3	××	4	6	2	1	13

八、施工安全应急措施

1. 应急组织机构及职责

为加强现场应急组织的领导，快速、及时地开展救援工作，结合施工实际，在项目部应急救援工作领导小组的领导下，成立现场应急处置小组。

(1)现场应急处置小组

组长:现场负责人。

组员:安全员、施工队负责人。

由现场施工班组长、作业人员组成应急救援队,一旦发生事故,具体实施应急救援。

(2)职责

①组长:负责施工现场应急救援工作的决策和指挥,第一时间组织抢险救援。

②施工员:协助组长组织施工现场应急救援工作。组长不在岗履职时代行应急职权。

③安全员:负责现场警戒,维持现场秩序,保护事发现场。

④协作队伍负责人:协助组织应急救援队具体实施现场应急抢险救援。

2. 应急响应程序

(1)信息报告。事故发生后,现场负责人立即向分部、项目部应急救援领导小组汇报,有关领导接到事故报告后,迅速赶赴事故现场,组织指挥事故救援。

(2)先期处置。分部、项目部应急救援人员到达现场前,现场应急处置小组启动现场处置方案,进行先期处置。

(3)扩大应急。当事故应急影响范围超出现场处置能力时立即向社会救援力量求援。

3. 应急处置措施

(1)物体打击事故应急处置措施

①事故发生后,迅速移走基坑上方和周围可能继续产生危险的坠落物和其他障碍物,避免发生二次伤害。

②立即对施工现场实施封闭或半封闭管制,引导车辆快速驶离危险地带。同时为医护人员留出救援通道。

③迅速将伤员脱离危险场地,转移到安全地方,保护好事故现场。

④现场人员立即根据其受伤部位、性质,对受伤人员诊断,采取止血措施,防止受伤人员大量失血、休克、昏迷等。伤者明确表示受伤较轻,现场人员协助处理伤情,及时观察伤情变化。

⑤伤情较轻的,派车立即送往就近医院进行抢救,相关人员陪同,以便说明伤员的伤势情况,受伤部位、性质,以利医院做好准备。

⑥伤情较重的,立即拨打120,应详细说明事故地点、严重程度,并派人到相应路口接应。

⑦急救中心救护人员赶到后,现场人员应配合120医疗急救人员进行救治,并送医院治疗。如因客观原因导致120救护车没有及时赶到,现场应立即将伤者用担架抬上现场救援车辆送医院救治。

(2)高处坠落事故应急处置措施

①立即对施工现场实施封闭或半封闭管制,引导车辆快速驶离危险地带。同时为医护人员留出救援通道。

②发现人员受伤,不可急速移动或摇动伤者身体,应多人平托伤者身体,立即将伤员脱离危险场地,转移到安全地方,缓慢将其放在平坦的地面上,采取防止受伤人员大量失血、休克、昏迷等紧急救护措施进行抢救。

③伤情较轻的,派车立即送往就近医院进行抢救,相关人员陪同,以便说明伤员的伤势情

况,受伤部位、性质,以利医院做好准备。

④伤情较重的,立即拨打120医疗急救电话,应详细说明事故地点、严重程度,并派人到相应路口接应。

⑤急救中心救护人员赶到后,现场人员应配合120医疗急救人员进行救治,并送医院治疗。如因客观原因导致120救护车没有及时赶到,现场应立即将伤者用担架抬上现场救援车辆送医院救治。

(3)坍塌事故应急处置措施

①发生坍塌事故后,先检查塌方处是否还有可能的塌方危险。

②当确认无危险后,立即在施工区域实施封闭或半封闭管制,引导车辆快速驶离危险地带,为医疗救助人员留出救援通道。

③立即组织挖掘机等救援设备进行现场抢险,如还可能造成二次塌方,则必须采取设置警戒线及警戒标志等有效措施控制。

④如发现人员被埋、被压的情况,在确保安全的前提下,救援人员用铁锹和手进行挖掘,并注意不要伤及被埋人员。同时立即拨打120,应详细说明事故地点、严重程度,并派人到路口接应。

⑤救援人员通过担架等适当方式立即将伤员脱离危险场地,转移到安全地方,现场人员立即采取防止受伤人员大量失血、休克、昏迷等紧急救护措施,进行抢救。

⑥伤情较轻的,派车立即送往就近医院进行抢救,相关人员陪同,以便说明伤员的伤势情况,受伤部位、性质,以利医院做好准备。

⑦伤情较重的,立即拨打120医疗急救电话,应详细说明事故地点、严重程度,并派人到相应路口接应。

⑧急救中心救护人员赶到后,现场人员应配合120医疗急救人员进行救治,并送医院治疗。如因客观原因导致120救护车没有及时赶到,现场应立即将伤者用担架抬上现场救援车辆送医院救治。

(4)机械设备伤害应急处置措施

①立即停止机械设备操作,并停放稳固,避免机械设备倾覆。

②立即组织人员抢救伤员,观察伤员受伤部位和失血情况,进行伤情诊断。伤情轻伤的,对伤者进行消毒、止血、包扎、止痛、固定等临时措施,防止伤情恶化,然后派车将伤者送往附近医院处理。

③伤情较重的,立即采取防止受伤人员大量失血、休克、昏迷等紧急救护措施,进行现场抢救。同时拨打120急救电话。应详细说明事故地点、严重程度,并派人到相应路口接应。

④急救中心救护人员赶到后,现场人员应配合120医疗急救人员进行救治,并送医院治疗。如因客观原因导致120救护车没有及时赶到,现场应立即将伤者用担架抬上现场救援车辆送医院救治。

(5)触电事故应急处置措施

①施工现场人员立刻切断电源,脱离电源,亦可用绝缘材料将触电人员脱离带电体。

②将伤员迅速脱离危险地方,组织人员就地进行抢救。

③如触电者伤势较轻,神态比较清醒,仅有心慌、四肢发麻、发软、乏力、心跳不规则等现

象,应就地休息,不要立刻走动,以减少心脏负担。

④如触电者呼吸或呼吸心跳均停止,将伤员仰卧在平地上或平板上立即进行人工呼吸或同时进行体外心脏按压,并立即拨打120向当地急救中心求救,说明事故地点、严重程度、联系电话,派人到相应路口接应。

⑤急救中心救护人员赶到后,现场人员应配合120医疗急救人员进行救治,并送医院治疗。如因客观原因导致120救护车没有及时赶到,现场应立即将伤者用担架抬上现场救援车辆送医院救治。

(6)火灾爆炸事故应急处置措施

①疏散救援。立即切断电源,组织疏散附近居民和人员,抢救伤亡人员,隔离火灾危险源和重要物资。

②初期火灾扑救。当施工现场发生火灾,要立即组织现场人员充分利用施工现场的消防设施器材进行灭火。同时拨打120急救电话,向消防救援机构求援,并派人到相应路口接应。

③协助消防队灭火。在自救的基础上,当专业消防队到达火灾现场后,现场人员要简要向消防队负责人说明火灾情况,并全力支持消防队员灭火,听从消防队的指挥,齐心协力,共同灭火。

④保护现场。当火灾发生时和扑救完毕后,派人保护好现场,维护好现场秩序。同时,立即清理,采取其他有效措施,从而将火灾事故对环境造成的污染降到最低程度。

4. 应急保障措施

(1)通信和信息保障(略)。

(2)应急救援设备物资保障。根据本标段施工的性质、特点和应急救援工作的实际需要,有针对性地配备应急救援设备物资,并进行经常维护、保养。应急救援设备物资见表5-15。

应急救援设备物资一览表　　表5-15

序号	名　称	型　号	应急用途	单　位	数　量	存放地点	负责人
1	担架	××	现场救护	付	××	现场仓库	××
2	安全帽	××	现场救护	顶	××	现场仓库	××
3	药箱	××	现场救护	只	××	现场仓库	××

(3)施工现场应急救援设施及道路平面图、现场应急医疗急救路线图、现场应急逃生路线图见附件。

九、质量验收

1. 工序检查验收

认真贯彻执行有关质量规定,切实做好作业前后各个施工工序的检查验收。现场每一道工序施工之前,须进行检查验收,并填写相关验收资料,验收合格后方可进行施工。

2. 组织验收

施工完毕后,项目部组织技术人员对工程的质量、地貌恢复情况等方面进行预验收,然后由监理、建设单位验收,达到验收合格条件。

十、安全检查和监控监测

1. 安全检查

(1)施工期间,项目部组织相关人员每月两次定期对施工现场开展安全生产检查,检查方案实施情况。

(2)分部每周定期对施工现场开展安全检查,检查方案实施情况。

(3)现场专职安全管理人员每天对施工现场进行巡查,做好安全施工日志,掌握施工的安全状况,安全施工。

2. 监控监测

(1)现场施工员、质检员、测量员、作业人员等按照职责和权限,对现场安全实施监控,发现现场存在隐患时,及时报告项目安全部门和现场专职安全管理人员,以便第一时间消除隐患。

(2)加强天然气管道监控。施工期间现场人员要加强天然气管道监控,发现天然气管道有泄漏现象或管位有差异,可能对管道的安全和维修产生影响时应立即停止施工,及时报告项目部和管道产权单位处置,确保施工安全。

(3)加强便桥沉降观测。为了确保管道的安全,在浇筑条形基础完毕后,混凝土初凝前,分别在条形基础的两侧预埋两个钢筋头,作为沉降观测点。在重车通过时和重车频繁碾压后,或不定期进行沉降观测,来分析便桥对管道的安全。

第六章　公路工程上跨油气长输管道应急救援预案

第一节　鄂咸高速公路(项目公司)上跨油气长输管道应急救援预案

为最大限度减少人员生命财产损失,快速、有效应对施工事故的发生,结合项目施工特点,制定鄂咸高速公路建设项目上跨石油、天然气管道施工应急预案。

一、编制说明

1. 编制依据

(1)《中华人民共和国安全生产法》(2014 年,中华人民共和国主席令第 13 号)
(2)《中华人民共和国突发事件应对法》(2007 年,中华人民共和国主席令第 69 号)
(3)《生产安全事故报告和调查处理条例》(中华人民共和国国务院令第 493 号)
(4)《建设工程安全生产管理条例》(中华人民共和国国务院令第 393 号)
(5)《生产安全事故应急预案管理办法》(中华人民共和国应急管理部令第 2 号)
(6)《公路水运工程安全生产监督管理办法》(中华人民共和国交通运输部令〔2017〕第 25 号)
(7)《生产经营单位安全生产事故应急预案编制导则》(GB/T 29639—2020)

2. 适用范围

本预案适用于鄂咸高速公路建设项目上跨石油、天然气管道施工事故的应急响应处置工作。

二、应急组织机构及职责

1. 项目公司组织机构及职责

成立以总经理为组长、副总经理、总工为副组长,各部门为成员的应急工作领导小组,应急领导小组办公室挂靠安全部。负责指导、协调鄂咸高速公路上跨石油、天然气管道防护工程施工事故应急预案的实施。配合上级部门做好应急救援的各项工作。

2. 监理单位组织机构及职责

各驻地办成立应急工作领导小组,负责协助项目公司做好应急救援预案的实施。

3. 施工单位组织机构及职责

项目部成立应急工作领导小组,负责施工上跨石油、天然气管道防护工程突发事件应急预案的组织实施。配合项目公司、上级部门做好应急救援的各项工作。

4. 分部职责

负责协助项目部具体做好现场应急救援的各项工作。配合项目部、项目公司、上级部门做好应急救援的各项工作。

三、信息报告

1. 报告内容

报告内容包括发生的时间、地点,初步判断发生的原因,采取了哪些措施及现场控制情况,交通路线、联系电话、联系人姓名等。

2. 报告方式或途径

报告方式或途径为传真、座机、手机以及微信、qq、电子邮件互联网途径。

3. 报告对象

报告对象为分部、项目部、项目公司、施工企业、天然气产权单位、社会专业救援力量、负有安全监督职责的政府有关部门。

四、应急响应

1. 应急响应分级及条件

本预案将鄂咸高速公路上跨石油、天然气管道防护工程施工事故分为Ⅰ级响应、Ⅱ级响应、Ⅲ级响应。

Ⅰ级响应:造成人员死亡,或直接经济损失100万元以上。

Ⅱ级响应:无人员死亡,或造成人员重伤,或直接经济损失10万元以上、100万元以下。

Ⅲ级响应:无人员伤亡,或造成人员轻伤,或直接经济损失10万元以下。

2. 应急响应程序

(1)项目部应急响应

达到Ⅲ级响应和Ⅱ级响应的条件时,事发现场首先启动现场应急处置方案,项目部启动应急救援预案,立即组织开展现场应急救援工作。

(2)项目公司应急响应

达到Ⅰ级响应的条件时,项目公司启动应急救援预案,指导协调项目部开展现场应急救援工作。项目公司启动应急救援预案的同时,项目部首先启动应急预案,实施应急救援。

负有安全生产监督职责的政府有关部门等上级部门和专业人员、专业救援队伍到达现场后,现场指挥救援工作统一移交,项目公司、项目部做好配合工作。

五、应急处置

1. 人员疏散和救护

立即组织人员迅速撤离事发现场或者将危害区域内的社区村镇其他人员疏散到安全地带，组织抢救人员。

2. 控制危险源

针对事故对人体、土壤、水源造成的现实危害和可能产生的危害区域及危害程度，迅速采取封闭、隔离等必要措施，迅速控制危害源，减少损失，防止事故蔓延、扩大。

3. 保护现场

项目部组织现场人员，严格保护事发现场。因抢救伤员，防止事件扩大以及疏通交通等原因需要移动现场时，必须及时做出标志、摄影、拍照、详细记录和绘制现场图，并妥善保存现场重要痕迹、物证等。

六、应急结束

事故现场周围无其他存在重大影响或严重威胁的危险源存在，消除了二次伤害、衍生伤害的风险，应急救援处置结束。

七、附则

1. 报备

本预案作为项目公司应急预案的附件，报项目公司所在地负有安全监督职责的政府有关部门备案。

2. 实施

本预案自发布之日起实施。

第二节　鄂咸高速公路(项目部)上跨油气长输管道专项应急预案

为及时、高效、妥善处置鄂咸高速公路上跨石油、天然气管道施工事故，提高应对事故的快速反应能力和应急处置能力，有效应对并及时控制事故造成的损失和影响，结合项目部施工实际，制定本预案。

一、总则

1. 编制依据

(1)《中华人民共和国安全生产法》(2014 年，中华人民共和国主席令第 13 号)

(2)《中华人民共和国突发事件应对法》(2007年,中华人民共和国主席令第69号)

(3)《中华人民共和国职业病防治法》(2018年,中华人民共和国主席令第24号)

(4)《中华人民共和国石油天然气管道保护法》(2010年,中华人民共和国主席令第30号)

(5)《中华人民共和国消防法》(2009年,中华人民共和国主席令第6号)

(6)《生产安全事故报告和调查处理条例》(中华人民共和国国务院令第493号)

(7)《建设工程安全生产管理条例》(中华人民共和国国务院令第393号)

(8)《危险化学品安全管理条例》(中华人民共和国国务院第591号令)

(9)《生产安全事故应急预案管理办法》(中华人民共和国应急管理部令第2号)

(10)《公路水运工程安全生产监督管理办法》(中华人民共和国交通运输部令〔2017〕第25号)

(11)《石油天然气安全规程》(AQ 2012—2007)

(12)《生产经营单位安全生产事故应急预案编制导则》(GB/T 29639—2020)

(13)《××公司突发事件综合应急预案》

(14)《××项目公司突发事件应急预案》

2. 适用范围

本预案适用于鄂咸高速公路上跨石油、天然气管道防护工程施工事故的应急处置工作。

二、事故风险分析

1. 事故类型

上跨石油、天然气管道防护工程施工过程中发生的事故分为如下类型:高处坠落、物体打击、触电、基坑坍塌、起重伤害、车辆伤害、机械伤害、灼烫、中暑以及石油天然气管道泄漏、燃烧、爆炸。

2. 危害程度分析

上跨石油、天然气管道防护工程施工,由于现场环境、周围因素复杂,事故随时可能发生。从季节性方面分析,施工过程中的事故没有季节性,春夏秋冬皆有可能发生。施工过程中一旦发生事故,可能会造成人员伤亡或财产损失。尤其是发生施工或因自然灾害导致管道破裂或悬空、变形、断裂造成天然气、石油泄漏引起火灾爆炸,可能造成群死群伤或重大财产损失,影响正常的生产、生活秩序,甚至影响周边居民生活,造成极为恶劣的社会影响。

三、应急指挥机构及职责

1. 应急指挥机构

项目部成立事故应急工作领导小组。人员组成如下:

组长:项目经理。

副组长:其他项目班子成员。

成员:由项目部各部门负责人和分部负责人组成。

领导小组下设办公室，设在项目部安全部门，主任由该部门负责人担任。下设应急工作组：抢险救援组、综合协调组、后勤保障组、医疗善后组。

2. 职责

(1)应急工作领导小组职责

①根据应急工作需要，指挥协调现场应急处置工作；

②配合项目公司、天然气产权单位、政府有关部门等相关单位、部门做好现场处置工作。

(2)应急工作领导小组办公室职责

①落实应急工作领导小组下达的指令；

②负责收集汇总上报事故相关信息；

③负责组织或协调应急队伍、应急物资调配等工作；

④负责与项目公司、施工企业、天然气管道产权单位、政府有关部门等相关单位、部门沟通，汇报应急处置工作。

(3)应急工作组职责

①抢险救援组

组长：分部负责人；成员：现场负责人、施工员、班组长、施工人员；职责：配合天然气等相关部门做好突发紧急事件处置工作，消除险情。

②综合协调组

组长：分部分管负责人；成员：现场安全员、协调部、综合办公室人员；职责：负责突发事件现场人员和危害区域内社区村民的疏散，现场警戒，车辆疏通，维持秩序，阻止无关车辆和人员进入现场，做好秩序稳定工作。

③后勤保障组

组长：分部分管负责人；成员：项目设备物资部、办公室人员；职责：负责提供现场救援人员的个人防护装备和所需应急救援物资和车辆。

④医疗善后组

组长：分部分管负责人；成员：项目综合办公室人员、协作队伍负责人；职责：负责现场受害人员的救治，做好紧急事件造成的人员伤亡及设施损毁、维修补偿费用等善后事宜。

四、信息报告

1. 报告途径

突发事故发生时，现场人员立即用手机等最迅捷的方式，及时向现场负责人和分部负责人报告。紧急情况下，现场有关人员可以直接报告项目经理。

2. 报告对象

项目接到报告后，根据应急响应等级，立即向项目公司、施工企业、天然气管道产权单位、政府有关部门等相关党委、部门报告。

3. 报告内容

(1)事故发生时间、类别、地点；

(2)事故发生的简要经过、危害程度、性质、范围等;
(3)已经采取的措施;
(4)事故发生原因的初步判断。

五、应急响应

1. 应急响应分级及条件

本预案将鄂咸高速公路施工上跨石油、天然气管道工程施工事故分为Ⅰ级响应、Ⅱ级响应、Ⅲ级响应。

Ⅰ级响应:造成人员死亡,或直接经济损失100万元以上。

Ⅱ级响应:无人员死亡,或造成人员重伤,或直接经济损失10万元以上、100万元以下。

Ⅲ级响应:无人员伤亡,或造成人员轻伤,或直接经济损失10万元以下。

2. 应急响应程序

(1)Ⅲ级响应

①发生事故后,事发现场迅速启动现场处置方案,并向分部报告;涉及管道泄漏、变形等方面的事件同时向天然气产权单位报告。

②接到报告后,分部立即派人赶赴现场指导应急处置。

③启动现场处置方案后,事发现场人员应采取积极自救、互救措施,做好现场警戒,开展抢险救援,防止事态扩大。

④分部应急人员到达现场后,立即了解现场情况,具体指挥现场应急救援。

(2)Ⅱ级响应

①发生事故后,事发现场迅速启动现场处置方案,进行先期处置,并向分部报告,分部接到报告后向项目部报告;涉及管道泄漏、变形等方面的事件同时向天然气产权单位报告。拨打120电话,向医疗卫生专业机构求援。

②接到报告后,项目部启动应急救援预案,项目部立即派人赶赴现场,指挥应急工作组开展现场应急处置。

③应急工作组本着以人为本的原则,抢救伤员,采取积极自救措施,维护现场秩序,组织救援设备开展抢险救援,防止事态扩大。

④项目部应急人员到达现场后,立即了解现场情况,统一指挥现场应急救援。

(3)Ⅰ级响应

①发生事故后,事发现场迅速启动现场处置方案,进行先期处置,并向分部、项目部、项目公司、负有安全生产监督职责的政府有关部门报告。涉及管道泄漏、变形等方面的事件同时向天然气产权单位报告。

②接到报告后,项目部迅速启动应急救援预案,立即派人赶赴现场,指挥应急工作组开展现场应急处置。项目公司同时迅速启动应急救援预案,立即派人赶赴现场指导应急处置。

③当事态超出现场应急救援能力范围时,立即扩大应急,向消防等社会专业救援力量求

援，尽快平息事态。

④负有安全生产监督职责的政府有关部门和专业人员、专业救援队伍到达现场后，迅速对现场情况作出判断，提出处置实施办法和防范措施，指挥开展抢险和救援工作。

六、应急处置措施

1. 疏散人员

综合协调组立即组织人员迅速撤离事发现场或者将危害区域内的社区村镇其他人员疏散到安全地带。

2. 救护人员

医疗善后组根据现场人员伤害情况，利用现场急救常识立即抢救现场受害人员，达到本预案规定的Ⅲ级响应条件救援时，积极配合专业医疗卫生机构人员做好医疗救护。

3. 控制危险源

针对事故对人体、土壤、水源可能产生的危害区域，综合协调组迅速采取封闭、隔离等必要措施，封闭现场，防止无关车辆和人员进入现场，维护好现场秩序；抢险救援组针对事件对人体、土壤、水源可能产生的危害程度，开展现场救援，迅速控制现场危害源，最大限度减少损失，防止事故蔓延、扩大。

4. 保护事发现场

现场抢险救援过程中，应急工作组严格保护事发现场。因抢救伤员，防止事态扩大以及疏通交通等原因需要移动现场物件的，应做出标志标识，进行拍照或摄像，绘制现场简图并写出书面记录，妥善保存现场重要证物和重要痕迹。

七、应急结束

应急结束应当满足下列条件：事件现场周围无其他存在重大影响或严重威胁的危险源存在，消除了二次伤害、衍生伤害的风险。

八、附则

1. 报备

本预案作为项目部突发事件应急预案的附件，报项目公司及所在地负有安全监督职责的政府有关部门备案。

2. 实施

本预案自发布之日起实施。

第三节 鄂咸高速公路上跨油气长输管道现场处置方案

一、事故特征

1.危险性分析

鄂咸高速公路上跨石油、天然气管道施工受雨雪、高温等自然因素及外界干扰的影响大,施工环境复杂,现场存在众多不安全因素。鄂咸高速公路上跨石油、天然气施工过程中一旦发生事故,特别是发生施工导致管道遭到损坏、破裂或者因开挖后积水排水不及时导致管道漂管、悬空、变形、断裂造成管道内石油、天然气泄漏达到一定条件引发火灾爆炸,将造成严重的人员伤亡、财产损失和污染,造成重大社会影响。

2.事故类型

鄂咸高速公路上跨石油、天然气管道施工过程中可能发生的事故,主要包括:触电、高处坠落、物体打击、灼烫、机械伤害、基坑坍塌、车辆伤害、起重伤害、中暑和管道泄漏、燃烧、爆炸等。

3.事故发生的主要作业工序和环节

根据鄂咸高速公路上跨石油、天然气管道施工特点,事故主要发生在施工中使用用电设备、配电装置以及基坑开挖、焊接作业,钢筋制作、模板支架安装拆除、混凝土浇筑、起重吊装、管道防腐等作业工序和环节。

二、应急指挥机构及职责

1.现场应急处置小组

为加强施工事故现场处置,成立现场应急处置小组。组长:分部现场负责人。成员:现场安全员、施工员、协作队伍现场负责人。

成立现场应急救援队,由班组长、施工作业人员组成。

2.职责

组长:负责施工过程中事故现场处置的具体组织和实施工作,第一时间组织抢险救援。

安全员:负责现场人员疏散,现场警戒,维持现场秩序,保护事发现场。

施工员:负责对外求助联络,协助组长开展现场应急处置救援行动。组长不在岗履职时代行应急职权。

协作队伍现场负责人:协助组长组织应急救援队具体实施现场应急抢险救援。

现场应急救援队:事故发生时,进行紧急处置,第一时间对伤者进行现场急救,将伤者紧急送往医院或陪同社会卫生专业医疗机构送往医院治疗抢救。同时开展现场应急抢险救援,消除险情。

三、应急处置

1.现场处置程序

(1)现场报告

一旦发生事故,第一发现人员立刻以最迅捷的方式将事件情况报告给分部现场负责人。发现人员受伤,同时拨打120急救电话;发现管道泄漏同时拨打119消防电话和产权单位电话。

(2)启动处置方案

分部现场负责人接到报告后,立即启动现场处置方案,并组织交通运输工具、担架、急救药品、应急物资器材等赶到事发现场。

(3)人员疏散

安全员采取安全有效的方式组织现场人员向着安全的方向逃生,有条不紊疏散至安全地带。

(4)现场警戒

安全员现场实施封闭或现场拉警戒带进行警戒隔离,严禁无关人员、车辆进入,维护现场秩序,防止事态扩大。

(5)现场抢险救援

现场应急救援队实施抢险救援,对造成人身伤害的,发现伤者伤情稳定、估计伤情转运途中不会加重时,将伤者抬到安全地带,立即进行现场急救,并利用各种交通工具将伤者直接送往医院救护。同时采取有效措施组织现场设施的抢险救援,消除险情,避免产生二次伤害和衍生事件。

(6)向外救援

现场危害程度超出现场应急处置能力时,立即向地方政府有关部门或医疗卫生机构(120)、消防机构(119)等第三方社会救援力量取得联系,请求现场应急处置支援。待上级救援力量到来后,积极配合和服从其抢险救援行动。

2.现场处置措施

(1)触电处置措施

①察看伤害情况。现场救援人员应立即查清施工现场触电伤害人员与带电设备设施的相关位置、具体环境及其安全状况,判断有无诱发和发生次生、衍生等其他扩大伤害的危险。

②立即断开电源。必须立即断电,使触电者脱离电源,同时检查周边区域,是否处于安全状况,确认安全后方可施救。如:其他设备、线路等有无漏电,否则,应立即整改消除危害因素,确保救援人员的安全。

③在确认无其他任何危险的情况下,将触电人员搬移到安全区域急救。必要时就地对触电人员进行人工呼吸、胸外心脏按压救护。待急救车辆赶到现场后,应立即协助救护人员,将伤员搬移到急救车辆上,并指派专人护送。

(2)灼烫处置措施

①现场救援人员应立即查清人员受伤情况,与灼烫源的相关位置、环境及其安全状况,判断有无扩大伤害的危险。

②救援人员应及时将伤员转移到安全区域进行急救工作。

③待急救车辆赶到现场后,立即协助救护人员将伤员搬移到急救车辆上,并指派专人护送。

(3)高处坠落处置措施

①应急救援人员在展开救援工作前,应了解和掌握坠落受伤人员所处位置、环境及其安全状况。应立即停止救援区域其他施工作业,采取措施,切断或隔离危险源,确认救援通道(路线)是否畅通,防止救援过程中发生次生灾害。

②救援人员应及时将伤员搬移到安全区域,去除伤员身上用具及口袋内硬物,遇有创伤出血的,应立即采取有效的包扎、止血措施,防止伤员失血过多休克;对肢体有骨折的,应就近取适当木板条或其他硬板对骨折部位进行固定,降低并发症和伤残率。

③当有人受伤严重时,尽可能不要移动伤者,应拨打120向当地急救中心取得联系。待急救车辆赶到现场后,立即协助救护人员将伤员搬移到急救车辆上,并指派专人护送。

(4)物体打击处置措施

①应急救援人员在展开救援工作前,应查清物体打击受伤人员所处位置、环境及其安全状况。应立即停止救援区域其他施工作业,观察是否还存在坠落物和飞出物,对有可能坠落的物品、材料应立即采取固定、隔离措施,确保救援人员的安全。确认救援通道(路线)是否畅通,有无扩大伤害或再次发生伤害等。

②发现有物体压住伤者时,应马上移除压在伤者身上的物体。遇受伤人员在高处时,应急救援人员必须穿戴好安全带,通过安全通道方可进入施救;遇特殊情况时,必须采取相应防坠落措施后方可施救。

③救援人员应及时通过担架将伤员搬移到安全区域,去除伤员身上用具及口袋内硬物,遇有创伤出血的,应立即采取包扎、止血措施,防止伤员失血过多;对肢体有骨折的,应就近取适当木板条或其他硬板对骨折部位进行固定。

④当有人受伤严重时,尽可能不要移动伤者,应拨打120向当地急救中心取得联系。待急救车辆赶到现场后,立即协助救护人员将伤员搬移到急救车辆上,并指派专人护送。

(5)机械伤害处置措施

①应急救援人员在展开救援工作前,应查清机械和受伤人员的相关位置,环境及其安全状况;应立即停止救援区域其他作业,断开施工机械电源。在无扩大伤害的危险且救援通道(路线)畅通的情况下,方可施救,确保救援人员的安全。

②检查现场区域,有无其他机械运行,是否处于安全状况,如安全装置不齐,应立即整改消除危害因素。

③救援人员应及时将伤员搬移到安全区域,去除伤员身上用具及口袋内硬物,遇有创伤出血的,应立即采取包扎、止血措施,防止伤员失血过多;对肢体有骨折的,应就近取适当木板条或其他硬板对骨折部位进行固定。

④当有人受伤严重时,尽可能不要移动伤者,应拨打120向当地急救中心取得联系。待急

救车辆赶到现场后，立即协助救护人员将伤员搬移到急救车辆上，并指派专人护送。

(6)车辆伤害处置措施

①应急救援人员在展开救援工作前，应查清车辆和受伤人员的相关位置、环境及其安全状况，应立即停止救援区域其他作业，在无扩大伤害的危险且救援通道(路线)畅通的情况下，方可施救，确保救援人员的安全。

②检查现场区域，其他车辆是否处于安全状况；应消除不安全因素。

③救援人员应及时将伤员搬移到安全区域，去除伤员身上用具及口袋内硬物，遇有创伤出血的，应立即采取包扎、止血措施，防止伤员失血过多；对肢体有骨折的，应就近取适当木板条或其他硬板对骨折部位进行固定。

④当有人受伤严重时，尽可能不要移动伤者，应拨打120向当地急救中心取得联系。待急救车辆赶到现场后，立即协助救护人员将伤员搬移到急救车辆上，并指派专人护送。

(7)起重伤害处置措施

①应急救援人员在展开救援工作前，应查清起重设备的相关位置、环境及其安全状况，应立即停止救援区域其他作业，断开施工设备电源，在救援通道(路线)畅通并且不存在发生二次伤害危险的情况下，方可施救，确保救援人员的安全。

②检查现场区域，其他危险源是否消除，是否处于安全状况；应立即消除危害因素。

③当发现有人受到伤害，救援人员应及时将伤员搬移到安全区域，去除伤员身上用具及口袋内硬物，遇有创伤出血的，应立即采取包扎、止血措施，防止伤员失血过多；对肢体有骨折的，应就近取适当木板条或其他硬板对骨折部位进行固定。

④当有人受伤严重时，尽可能不要移动伤者，应拨打120向当地急救中心取得联系。待急救车辆赶到现场后，立即协助救护人员将伤员搬移到急救车辆上，并指派专人护送。

(8)基坑坍塌处置措施

①迅速确定发生的准确位置、可能波及的范围、人员掩埋、伤亡等情况，以根据不同情况进行处置。

②根据具体情况，采取人工和机械相结合的方法，对坍塌现场进行处理。如有人员被坍塌的土方压在下面，救援人员应立即采取人工救援，清除伤者周围的土体，将伤员救出。

③将伤者救出后，立即去除伤员身上用具及口袋内硬物，遇有创伤出血的，应立即采取包扎、止血措施，防止伤员失血过多；对肢体有骨折的，应就近取适当木板条或其他硬板对骨折部位进行固定。

④当有人受伤严重时，尽可能不要移动伤者，应拨打120向当地急救中心取得联系。待急救车辆赶到现场后，立即协助救护人员将伤员搬移到急救车辆上，并指派专人护送。

(9)中暑处置措施

①将轻度中暑者移至附近阴凉通风处，解开伤员衣领口，保持伤者呼吸畅通，平卧休息，用湿毛巾置于额部。

②出现体温升高、神志不清、抽搐等中暑症状时，应迅速采取降温措施。同时拨打120向当地急救中心取得联系。待急救车辆赶到现场后，立即协助救护人员将伤员搬移到急救车辆上，并指派专人护送。

(10)管道泄漏、燃烧、爆炸处置措施

①管道泄漏

a. 现场救援人员立即查看管道泄漏的周围环境及其安全状况,判断有无诱发或伴生其他伤害的危险。

b. 检查现场用电机械设备电源是否断开。现场区域或相邻区域严禁携带任何火种,关闭一切如对讲机、手机等可能产生静电打火的设备,消除可能产生的其他火源,确保救援人员的安全。

c. 产权单位抢险人员到达泄漏现场后,事发现场人员配合产权单位抢险队伍正确分析判断事故发生的位置,切断泄漏源,封闭泄漏现场,按照制定的抢修方案,在确保安全的前提下开始进行管道抢修。

d. 管道修复后,要确认管道完好无泄漏,并用便携式可燃气体报警器对周围建(构)筑物、地下沟渠等进行天然气浓度检测,确认无不安全因素后,撤离现场。

e. 对现场污染物进行隔离,组织人员进行清理。

②管道燃烧、爆炸

a. 根据现场风向,事发现场抢险人员加强现场个人防护,使用二氧化碳、干粉等灭火器进行灭火。消防专业救援力量到达后,配合消防人员共同灭火,设置隔离带以防火灾事故蔓延。

b. 火势得到控制后,条件允许时,事发现场人员配合产权单位抢险队伍对泄漏管道进行封堵、抢险。

c. 泄漏得到控制后,事故现场抢险人员配合医疗救护人员抢救受伤人员,及时将受伤人员转到安全区域,送医院进一步救治。

d. 管道修复后,要确认管道完好无泄漏,并用便携式可燃气体报警器对周围建(构)筑物、地下沟渠等进行天然气浓度检测,确认无不安全因素后,撤离现场。

e. 对现场污染物进行隔离,组织人员进行清理。

四、注意事项

1. 个人防护方面

应急处置人员必须根据事故类型处置需要,正确选择并按照使用规则穿戴、使用个人防护用品和用具,防护用品必须符合国家标准或行业标准要求,应具有出厂合格证和质量证明文件。发现龟裂、下凹、裂痕和磨损严重等情况必须立即更换使用。

2. 使用抢险救援物资器材方面

现场应急救援人员必须正确使用标识清楚、质量完好、功能可靠的抢险救援器材,不得使用功能缺失、可靠性差的抢险救援器材。

3. 采取救援措施方面

(1)在应急处置过程中,应做好安全措施,不得盲目开展处置工作,防止二次伤害,确保人身安全。

(2)抢救伤员时,要牢记"三先三后"原则,即对窒息或心跳呼吸停止不久的伤员必须先复苏后搬运;对出血伤员必须先止血后搬运;对骨折伤员必须先固定后搬运。

(3)向外部求救时,应说明事件发生的详细地址、性质、大致情况、严重程度及电话号码等,主要路口或有明显标志处应有专人接应,引导应急处置支援和急救人员到达指定地点。

4. 现场自救和互救方面

(1)应急处置过程中,必须做到令行禁止、统一指挥、服从命令、服从管理。

(2)自救和互救时,必须加强内外协作配合,保持良好的沟通。

(3)应急处置人员事前必须接受应急预案和处置预案培训和演练;

(4)所有应急处置人员熟悉掌握应急器材操作使用方法,防止操作不当,造成事态扩大。

5. 现场应急处置结束后

现场应急处置结束后,必须保持现场原始状态,待得到现场恢复工作的指令,及时清理现场,恢复正常秩序。

6. 其他需要特别警示的事项

应急处置过程中,应注意保护好现场,保持原始状态,确实因救援需要移动或拆除的的物品、材料,必须做好状态标识,保留好影像资料证据。

第七章　公路工程上跨油气长输管道安全风险可视化模型

第一节　基于 BIM 技术的开挖施工安全风险区域可视化模型应用

一、BIM 概述

BIM 是一种基于数字化技术和可视化技术,集成其他信息技术用来管理与建设项目有关信息的软件,是当前国内外学者和建筑业界人士关注的焦点。与其他设计工具不同的是,BIM 是一个可以贯穿整个项目周期的工具,因此 BIM 在设计、施工、运营等方面的应用价值渐渐被开发,通过构建数字模型,在计算机等信息技术的支持下,实现对各个阶段工作的模拟、可视化、统计、分析等功能。BIM 的几个主要应用特征如下:

1. 可视化

可视化是 BIM 最大的特点之一。由于传统的建筑设计依靠二维图纸和文档的形式传递信息,构件信息往往是以绘图线条的形式呈现,需要相关方自行想象完成对方案的理解;在此过程中,因为信息表现形式抽象,参与方的经验和标准参差不齐,容易产生错误。可视化通过将设计方案直观地呈现,使各参与方处于相同的基础上形象具体地观察方案,从而有助于各方的理解和交流,进一步完善方案。另外,BIM 技术建立 3D 建筑模型,可以根据不同的标准展现构件,为各参与方对整个生命周期的把控和沟通提供便利。

2. 集成性与协作性

BIM 从建立开始,随着项目生命周期的发展,将各个阶段的信息收集储存在模型中,同时,相关方还可以将必要的信息输入到模型之中,从而为特殊的功能应用做好准备,避免信息丢失、断档等情况的出现。不仅如此,BIM 还为各专业提供一个共同的模型平台,使各方能够围绕着一个模型做设计和沟通,可以从不同的专业角度共享元素数据,这不仅减小了工程配合的工作量,还能及时避免专业间碰撞冲突的发生。

3. 参数化设计

BIM 区别于 3D 设计软件的一个重要特征就是参数化设计,对建筑构件模型设置相应的参数,通过调节参数驱动构件发生改变,进而满足设计需求。由于 BIM 中保存所有需要的信息,参数包含了构件的所有真实属性,因此可以在此基础上实现模拟计算等功能,而且参数之间能够相互关联,达到一处修改,处处修改的效果。

4. 虚拟施工

在实际工程开工之前,基于虚拟环境来模拟、分析与检测施工规划方案的可行性,进而针对发现的问题不断修正,直至获得一个适用的施工方案,指导施工,以保证施工的顺利进行。

综上所述,BIM 技术的优势在于可以让各参与方能够围绕一个 BIM 模型进行沟通交流,不仅能够直观的观察设计方案,而且能够通过设定的功能分析检查整个方案,获得预期的效果,从而快速准确地优化方案。

二、基于 BIM 的风险可视化开发

由于 BIM 技术具有可视化的特性,因此可以通过将安全风险区域和风险等级的概念引入 BIM 平台中,实现安全风险区域的可视化。REVIT 作为国内 BIM 的主流软件,由 Autodesk 公司推出,具有良好的可开发特性,因此对 REVIT 进行二次开发可以实现安全风险区域可视化的目标。

目前,实现对 REVIT 的二次开发主要存在两种方式,一种是结合微软公司的 Microsoft visual studio 进行开发,另一种是采用 REVIT 自带的宏进行开发。

1. Microsoft Visual Studio 开发

此种方式主要是基于 REVIT 提供的 Add-In Manager 的插件和 REVIT SDK 文件,以 Microsoft Visual Studio 为平台,采用 C#、C + + 等语言,以“. NET 框架”开发类库,实现对 REVIT 的插件制作。

2. Dynamo

Dynamo 是 REVIT 2017 版本后就自带的开发插件,Dynamo 是基于目前很火的语言 python 来开发的可视化编程插件,可视化编程是图形化的编程,能够将程序节点化和流程化,用户可以根据自己的需求拖节点,一个节点一个节点的连接起来,就是一个可执行的程序。同时,Dynamo 也可以用 Python 完成节点的自定义。Dynamo 是基于 REVIT 的参数化设计的辅助工具,它可以实现 REVIT 自身无法实现的功能,功能极其丰富和强大。由于 Dynamo 也是一种编程工具,它的程序足够灵活,可以跨行业规程进行使用。Dynamo 是一种可视化编程工具,用于定义关系和创建算法,可以在 3D 空间中生成几何图形和处理数据(图 7-1)。使用 Dynamo 的时候,我们需要像程序员一样思考,不仅熟悉 3D 模型的构建流程,也需要知道各个组件之间的关系。但相比来看,截至目前以 c#为基础的 REVIT 二次开发是当前的主流方法。

三、基于 BIM 技术的安全风险可视化应用

以鄂咸高速公路某处上跨长输管道施工中的基坑开挖为例,由于天然气管道除了埋有一道直径为 1.0m 的输气管道外,在管道的附近还埋有一条通信光缆。为了确保输气管道及通信光缆的绝对安全,首先要采用人工开挖探坑验证管道、光缆的具体位置、埋深。在开挖基础的过程中采用人工开挖,尽量不动用机械。在能够保证地基承载力的情况下,尽量减少开挖面,挖浅基础,严格按照测量放样的点位进行开挖,并邀请了中石化天然气管道有限公司技术人员到现场指导。因此,在可能进行的机械开挖过程中,周围的技术指导和旁站人员需要在基

坑临边周围进行挖掘工作的安全监督和指导，此时极易发生高处坠落和机械伤害事故；同时，在后续进行的条形基础混凝土施工和承重梁及桥梁板安装过程中，后续的物料供给和人员安置需要在施工段附近设置临时设施，考虑到高速公路施工本身的地理位置性质，周围的环境比较复杂，施工围挡内需要布设的施工设备和设施较多，如何安全、高效地规划场内设备设施的位置也是需要进行考虑的内容之一。

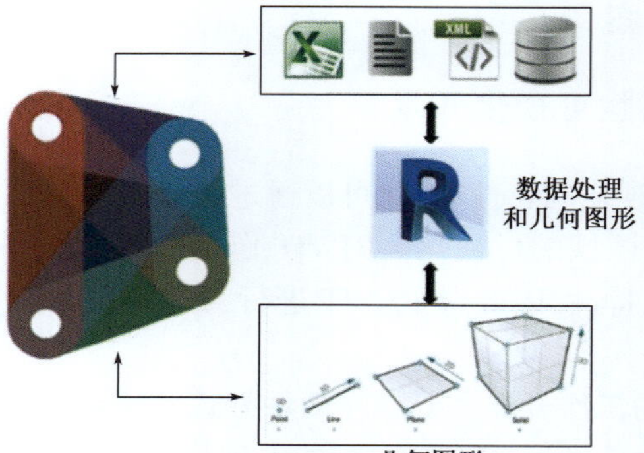

图 7-1　Dynamo 应用流程图

危险区域等级可视化开发属于 REVIT 二次开发范畴，其主要的目的是针对施工现场的施工机具的危险区域在 BIM 平台上完成一级、二级、三级安全区域的可视化范围的自动创建。同时，不同的区域分别赋予不同的颜色（红、黄、绿）以实现不同等级的区别展示。主要的步骤包括：

（1）在 Microsoft Visual Studio 中创建名为“Carsafetyarea”的类库文件；

（2）添加引用，引用 REVIT 提供的二次开发接口，包括“Autodesk. Revit. UI”、“Autodesk. Revit. Attributes”和 “Autodesk. Revit. DB”；

（3）创建公共类“Carsafetyarea”，添加外部命令“External CommandData”；

（4）根据 SDK 文件中的手册分别创建不同的类，逐步完成 BIM 数据信息的获取与创建；

（5）创建 WPF 项目“Carsafetyarea_WPF”文件，完成用户界面的窗体设计，同时绑定后台数据。

图 7-2 为项目“Carsafetyarea”的工作界面，代码 6-8 行代表引用了 REVIT 接口，16 行代表创建了外部命令。

图 7-3 为项目“Carsafetyarea_WPF”的工作界面，中间为设计的图形界面，下侧是设计该界面所用的汇编语言。

通过程序调试，平台提示调试成功（图 7-4），即成功生成类库文件，在 BIM 平台上引用该类库文件，既能实现对应的二次开发功能。

图 7-5 展示了基坑开挖的 BIM，通过“Add-In Manager”选项，选择刚生成的“Carsafetyarea. dll”类库文件，执行“run”选项运行类库文件。

图 7-6 生成了预先设计的界面，说明“Carsafetyarea_WPF”的项目文件编译无误，通过选择“挖掘机”这一机械，自动获取该机械的“车长”“中心车尾距离”“车高”“车宽”“吊臂长度”“吊臂角度”等 6 个属性。

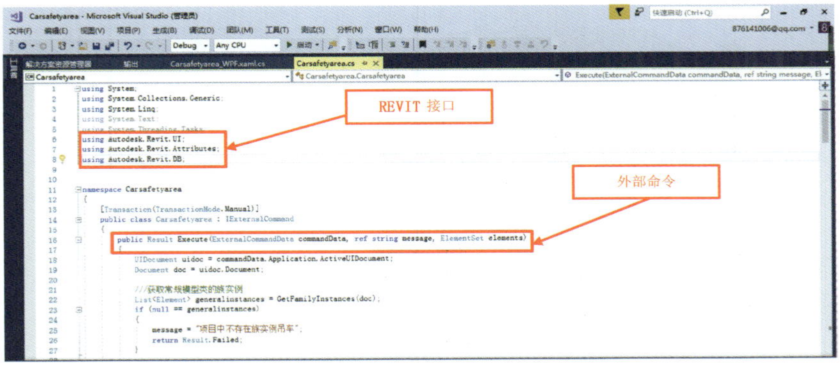

图 7-2　Carsafetyarea 工作界面

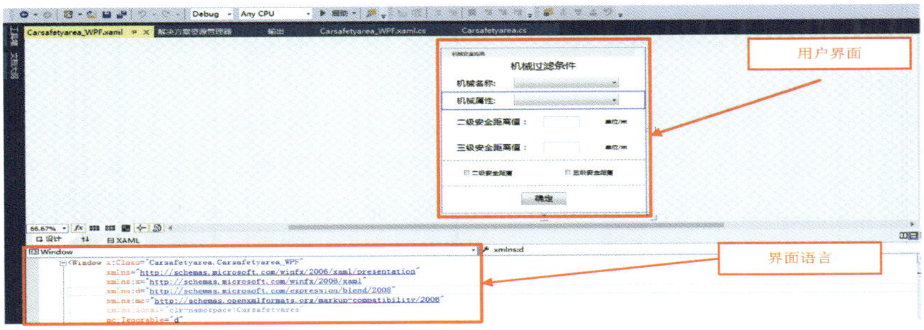

图 7-3　Carsafetyarea_WPF 工作界面

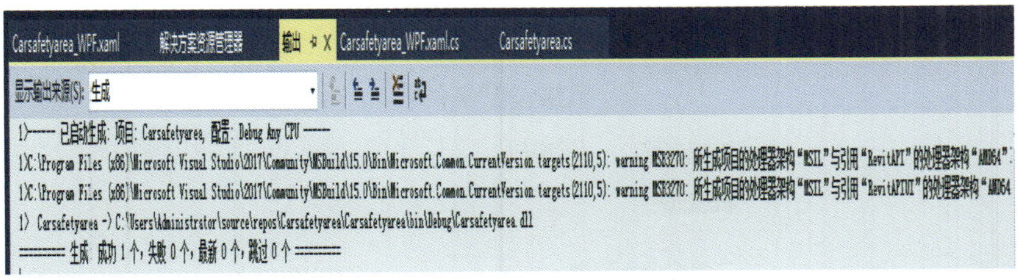

图 7-4　Carsafetyarea 输出工作窗口

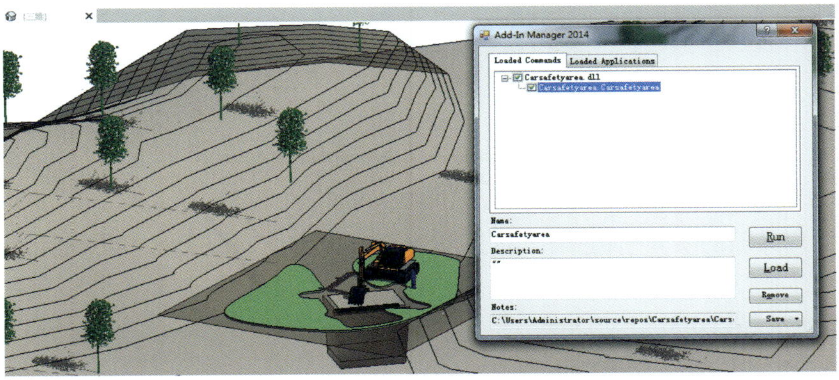

图 7-5　插件引用图

图 7-6　插件窗口图

图 7-7 为用户界面图，主要包括 3 个模块，第 1 个模块为机械过滤条件，其包括“机械名称”和“机械属性”两个选项，“机械属性”的功能是获取 BIM 中的各个机械，并在其中列出各个机械的名称供选择，“机械属性”的功能是根据用户选的机械类型，获取对应的机械属性，主要包括：“车长”“中心车尾距离”“车高”“车宽”“吊臂长度”“吊臂角度”等 6 个属性；第 2 个模块为安全距离的赋值，用户可以根据不同机械类型之间的安全考量和实际施工的工况评估，进行安全距离值的人为赋予，在赋予后 BIM 能够将按照以施工机械的中心为原点，赋值为半径，进行安全分级区域的自动创建；第 3 个模块为距离值锁定模块，如果用户仅想展示三级区域中的某一个值，可以选中不想进行可视化“某级安全距离”，完成用户对安全距离创建需求的自定义。

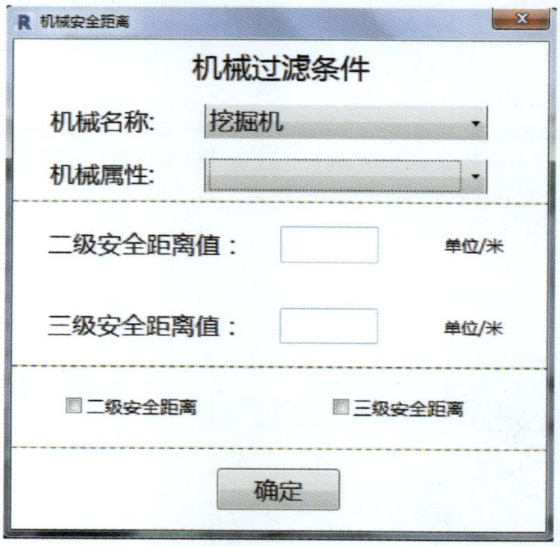

图 7-7　用户界面图

通过对用户界面的实际赋值操作，可以看出在本操作者，用户选定了“挖掘机”这一施工机具（图 7-8），同时对其生成二级安全区域为 3m、三级安全区域为 5m 的可视化区域。

在点击“确定”后，BIM 自动创建了三个级别的安全区域，从里到外以此为红色一级、黄色二级和绿色三级区域，可以看出现场旁站的施工工人在危险二级区域内，存在较大的隐患，需要引起警醒和注意（图 7-9）。

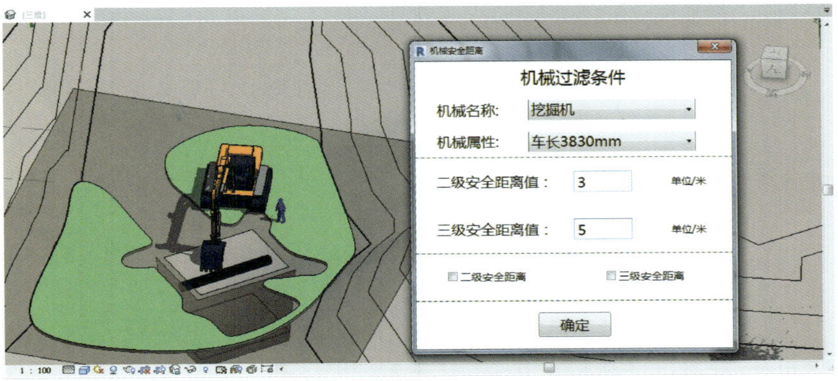

图 7-8　用户操作图

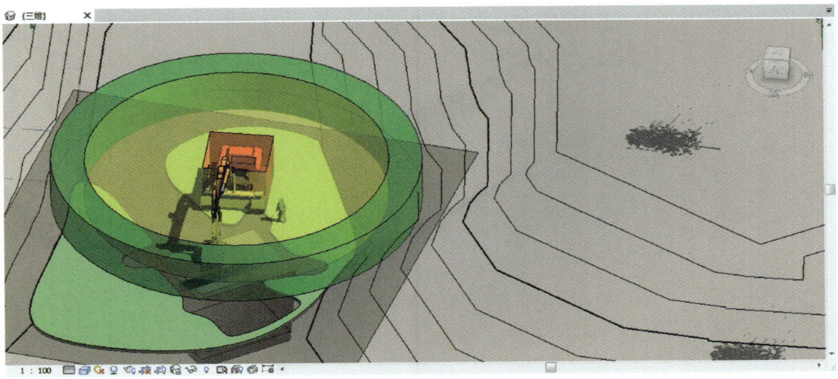

图 7-9　操作结果图

第二节　基于风险的施工场地布设可视化模型应用

一、公路工程上跨长输管道施工场地布设的安全风险

公路工程上跨长输管道施工是一个时间跨度比较长的过程，由于施工过程涉及众多工序，后续的现场设备材料供给和人员办公生活需要临近施工现场设置临时设施。考虑到施工本身的地理位置、周围环境以及需要布设的施工设备和设施较多，需要在安全、效率方面对场内设备设施的位置进行合理的规划，实现施工场地的合理布设。

在公路工程上跨长输管道施工场地布设中，现场平面布设不合理可能会导致物体打击、机械伤害、高处坠落、爆炸等事故的发生，造成严重的人员伤亡和财产损失。结合公路工程上跨长输管道施工过程中的实际情况，综合分析场地布设过程中的安全风险，施工过程中主要的场地布设安全风险如表 7-1 所示。

公路工程上跨长输管道施工过程中主要的场地布设安全风险　　表 7-1

序号	主要施工场地布设点	施工场地布设安全风险
1	施工便道	在施工期间若工程现场的施工便道修建地过窄，或位置设计不合理(未考虑泥石流、滑坡、降水等)，可能会导致车辆碰撞、侧翻等事故的发生
2	垂直运输设备	垂直运输设备如果与其他建筑物的安全距离不足，有可能导致设备与其他设施之间的碰撞，存在巨大的安全隐患
3	临时设施	若各临时设施间预留的安全间距不足或临时设施面积设计不合理，可能会带来严重的安全隐患，造成人员及财产的双重损失
4	钢筋、模板、木材加工厂	如果钢筋、模板、木材加工厂的位置选择不当，与车辆和人行通道的距离过近，将导致加工厂的外边缘与运输车辆的碰撞，或者行人遭受物体打击、触电等
5	搅拌站及堆料场	如果搅拌站和堆料场设置不当，可能带来噪声、粉尘等问题，干扰工人正常作业，不安全行为发生概率将大幅提升
6	预制场	梁体预制区和梁体存放区必须留有足够的安全距离，分开放置，否则可能带来安全问题和污染；预制区内的机械设备如果布置不当将不利于施工安全性和协调性的发挥
7	仓库	危险仓库如果布置不当或材料混放，一旦发生火灾或爆炸，不仅会导致严重的人员伤亡，也会造成污染和财产损失
8	弃料场	假若弃料场被处于不良地质区域，可能导致在弃料过程中遭遇泥石流、滑坡等地质灾害的发生
9	施工围挡	施工现场如果缺乏围挡或者高度不足，可能造成无关人员误入，现场事故殃及无辜等情况的发生

二、施工场地布设可视化模型应用

基于上述公路工程施工场地布设安全风险分析，结合现场施工实际情况，可将施工平面设施类型划分为风险源设施和脆弱性设施。风险源设施指自身具有危险性的临时设施，此类设施在施工现场往往会发生物体打击、机械伤害、起重伤害、火灾等事故，如钢筋加工场、构件堆场等。脆弱性设施指自身抵御外部风险的能力较弱且往往受到风险源设施影响的临时设施；而施工区与风险源设施自身存在的危害向场内脆弱性设施传递的同时，脆弱性设施反馈自身受危害程度的过程被视为风险交互作用过程。

风险交互值用以衡量场内设施之间产生风险交互作用后的结果，设施之间属性上的不同致使不同设施之间存在产生危害与接收危害的特性，通过危害与被危害之间的交互作用得到场内所有设施之间的风险交互值，并以最小值作为衡量场布方案好坏的标准；在考量风险的同时，施工场地内的效率和施工成本也是需要在布置的考虑范围之内，因此引入施工场地内设施之间的效率和场地设施布置的成本两大指标，形成一个三维的评价空间。

目前常用的施工场地布设方法包括：专家意见法、运筹学方法、计算机图解技术、遗传算法，而遗传算法作为一种广泛使用的搜索启发式算法有着其他方法无可比拟的特性及优势。遗传算法一般性流程图如图 7-10 所示。因此，为实现智能的规划布置，本书引入近年来较受欢迎的遗传算法作为智能规划的基础，不同的设施看作一个简单矩形，以矩形的坐标为决策变量作为遗传算法运算的算子，以风险、效率和成本为算子的评价指标，评估一个场地布置方案的优劣。

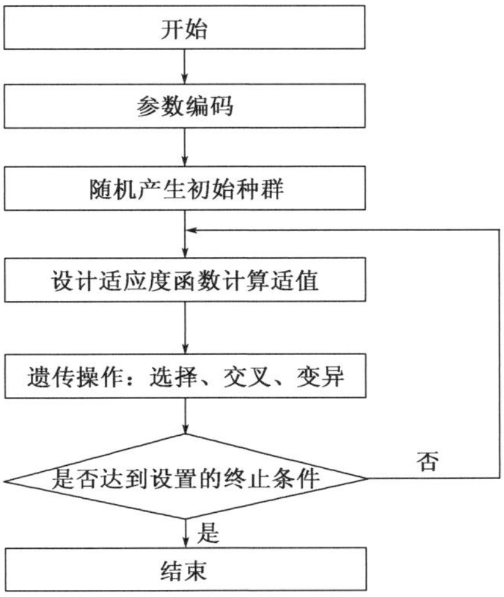

图 7-10　遗传算法的一般性流程图

在公路工程上跨长输管道施工时，经过前期的现场勘测、设计、放样以及基坑开挖后，便要进行基础混凝土施工和墙身及盖板安装施工，在这个阶段需要用到施工现场的 BIM，如图 7-11 所示。管道四周的基坑围护已施工完毕，并在管道上方完成桥面的搭建。施工项目部按照就近原则大致安置在施工现场附近，需要布置的设施包括钢筋加工厂、钢筋堆放场、办公室、车丝堆放区等。

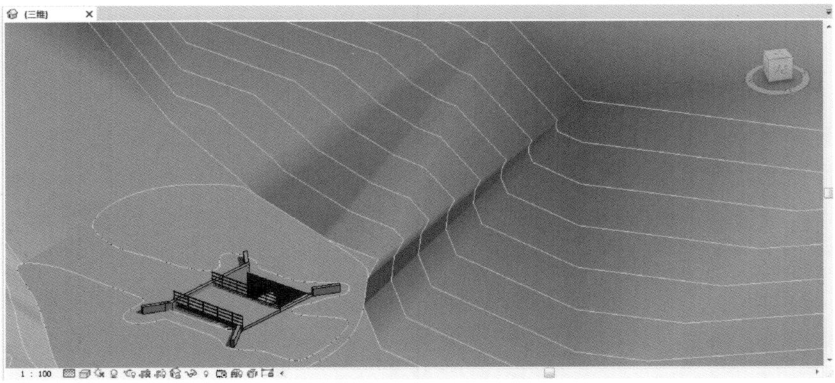

图 7-11　施工图 BIM

结合上述分析与现场实际情况，采用 MATLAB 实现遗传算法的编译，部分代码如图 7-12 所示：

在 MATLAB 中完成脚本文件的编译，运行该文件能够通过在 200 种随机方案之中选择相对最优的布置方案并加以展示，如图 7-13 和图 7-14 所示。

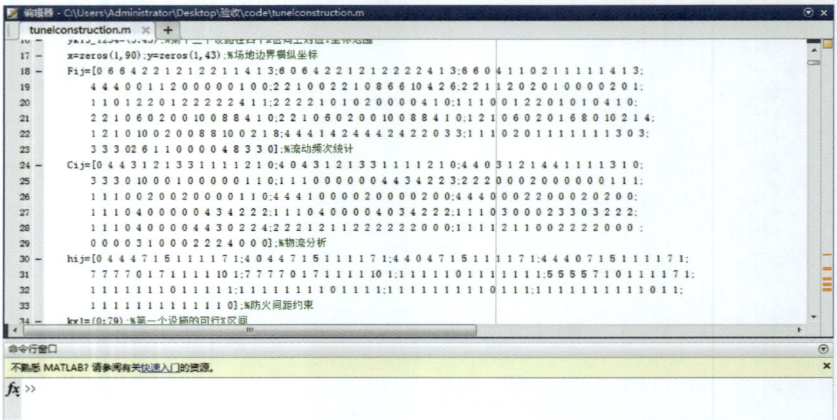

图 7-12　遗传算法部分代码展示

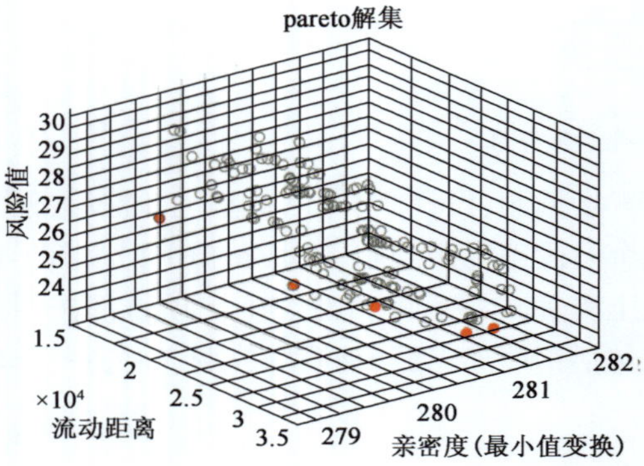

图 7-13　算法结果一

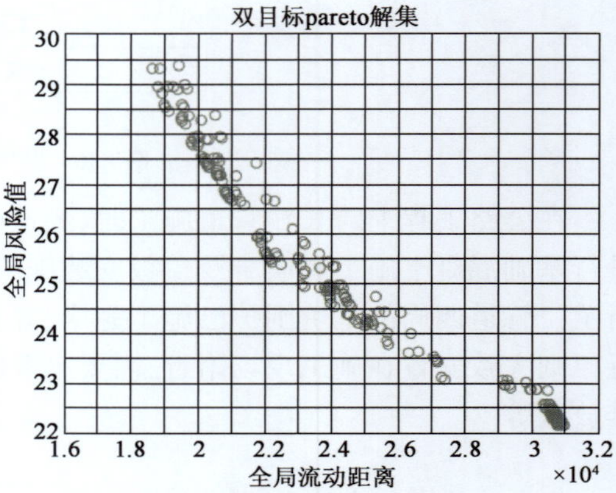

图 7-14　算法结果二

图 7-13 的点集合代表三维坐标下的点，每个点值的 XYZ 轴上的值代表一个施工布置方案在三维坐标下获得的评价分值，X 轴坐标叫作“亲密度”，代表施工场地内设施布置的效率、Y 轴坐标叫作“流动距离”，流动距离代表施工场地内设施之间人员、物料流动的成本，Z 轴坐标叫作“风险值”，风险值代表施工场地风险源设施与脆弱性设施的风险交互作用值。图中的红色点集合代表在总集合中最优的。

图 7-14 的点集合形成了一条弧线，这条弧线代表遗传算法的运算程度已经达到收敛程度，证明了算法的运算的准确性。

通过选择红色点集合中的点，可以获取方案的布置方案，这些方案以坐标的形式显示（图 7-15）。为了便于现场实际需求，可以通过红色点集合的坐标值在不同维度上的大小，选择符合实际工况的场地布置方案。

图中奇数 $2n-1$ 代表设施 n 左上角的横坐标，偶数 $2n$ 代表设施 n 左上角的纵坐标，红色框中的整体坐标方案代表风险第三小的场地布置坐标方案。

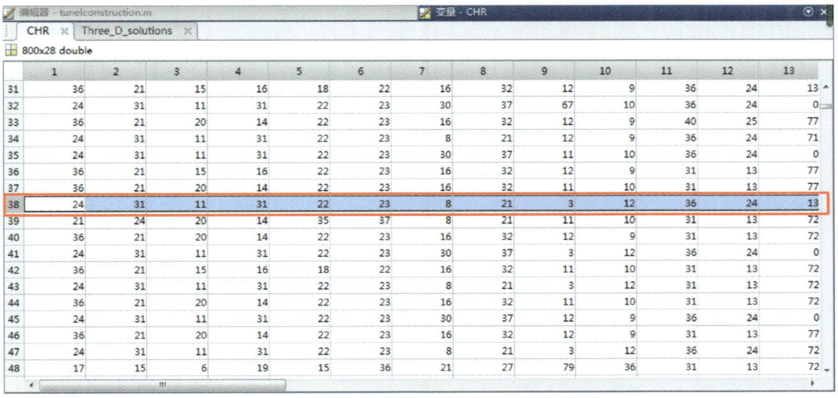

	1	2	3	4	5	6	7	8	9	10	11	12	13
31	36	21	15	16	18	22	16	32	12	9	36	24	13
32	24	31	11	31	22	23	30	37	67	10	36	24	0
33	36	21	20	14	22	23	16	32	12	9	40	25	77
34	24	31	11	31	22	23	8	21	12	9	36	24	71
35	24	31	11	31	22	23	30	37	11	10	36	24	0
36	36	21	15	16	22	23	16	32	12	9	31	13	77
37	36	21	20	14	22	23	16	32	11	10	31	13	77
38	24	31	11	31	22	23	8	21	3	12	36	24	13
39	21	24	20	14	35	37	8	21	11	10	31	13	72
40	36	21	20	14	22	23	16	32	12	9	31	13	72
41	24	31	11	31	22	23	30	37	3	12	36	24	0
42	36	21	15	16	18	22	16	32	11	10	31	13	72
43	24	31	11	31	22	23	8	21	3	12	31	13	72
44	36	21	20	14	22	23	16	32	11	10	31	13	72
45	24	31	11	31	22	23	30	37	12	9	36	24	0
46	36	21	20	14	22	23	16	32	12	9	31	13	77
47	24	31	11	31	22	23	8	21	3	12	36	24	72
48	17	15	6	19	15	36	21	27	79	36	31	13	72

图 7-15　方案坐标图

为实现该遗传算法结果的可视化展示，按照所给出的坐标方案，以施工场地围挡的左下角作为坐标原点，对上述布置设施之间进行一一布置，并在 BIM 中对设施按照坐标进行移动，最终得出三维空间下的施工场地布置方案，完成基于 BIM 技术的施工场地设施智能布置规划的目标。将坐标所对应布设方案在 BIM 中进行还原，现场施工和管理人员便可以直观了解施工平面内各设施的最优布置方案，并以此来指导实际的施工过程，极大地减少由于施工场地布设不合理带来的风险。场地布置的 BIM 可视化展示如图 7-16 和图 7-17 所示。

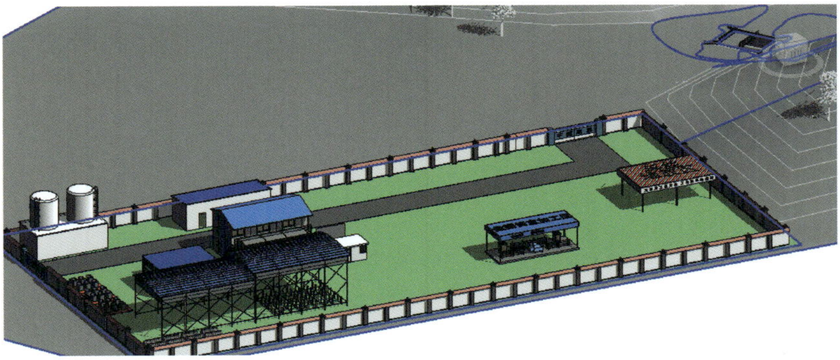

图 7-16　场地布置鸟瞰图

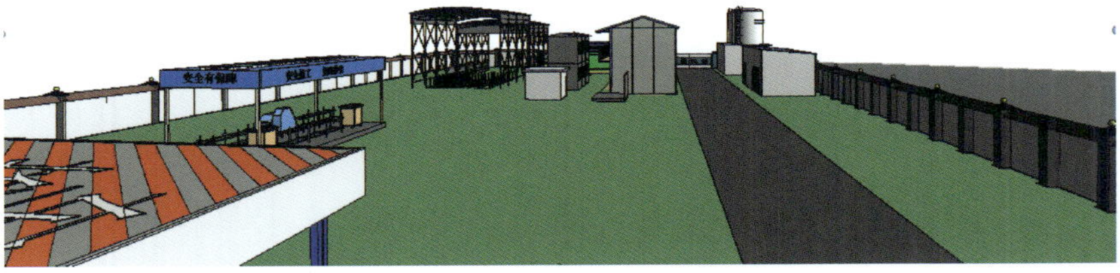

图 7-17　场地布置漫游图

将遗传算法优化之后的施工场地布设结果在 BIM 中进行可视化展示的方法目前正处于初步探索阶段，还面临诸多问题，如工程施工现场安全风险管控的需求多样化，与 BIM 技术的无缝对接等问题,仍然需要做大量的探索、实践和完善的工作。我们相信,后期可与三维可测实景、智能视频识别、北斗遥感监测等其他信息化高端技术结合,通过还原现场地形、地貌、水文情况,再与模型进行结合,以便提前做出预警监测,有效规避施工安全风险,在施工场地布设中发挥更大作用,取得更好的效果。

参 考 文 献

[1] 中华人民共和国国家标准. 建筑工程施工质量验收统一标准:GB 50300—2013[S]. 北京:中国建筑工业出版社,2014.

[2] 中华人民共和国行业标准. 公路工程质量检验评定标准(第一册　土建工程):JTG F80/1—2017[S]. 北京:人民交通出版社股份有限公司,2018.

[3] 全国一级建造师执业资格考试用书编写委员会. 公路工程管理与实务[M]. 北京:中国建筑工业出版社,2011.

[4] 张兴强. 公路工程概预算(高等学校建筑管理系列教材)[M]. 北京:北京交通大学出版社,清华大学出版社,2011.

[5] 高红宾,舒国明. 公路概论[M]. 2 版. 北京:人民交通出版社,2006.

[6] 洪胤娴. 用精细化管理提质增效[J]. 中国有色金属,2015(22):8.

[7] 湖北省交通运输厅. 湖北省高速公路建设标准化指南第九分册安全生产及管理[M]. 北京:人民交通出版社,2013.

[8] 冯庆善. 关于长输管道统一定义与范围界定的讨论[J]. 油气储运,2020,39(05):492-499.

[9] 刘清. 长输天然气管道工程的施工特点及要点探讨[J]. 设备监理,2019(12):47-48.

[10] 漆敏,路帅,赵东风. 国内外油气管道法律法规及标准体系现状对比分析[C]//. 第二届CCPS 中国过程安全会议论文集. 青岛:中国石油大学(华东)化学工程学院,2014.

[11] 赵光志,蔡亮,苏彦杰. 美国长输管道安全法规标准体系研究[J]. 全面腐蚀控制,2019,33(02):1-4 +88.

[12] 王小强,王保群,王博,等. 我国长输天然气管道现状及发展趋势[J]. 石油规划设计,2018,29(05):1-6 +48.

[13] 王素珍,冯启民. 空间决策支持技术在城市地震应急指挥软件系统中的应用[J]. 世界地震工程,2006(02):89-96.

[14] 郭红领,刘文平,张伟胜. 集成 BIM 和 PT 的工人不安全行为预警系统研究[J]. 中国安全科学学报,2014,24(04):104-109.

[15] 刘文平. 基于 BIM 与定位技术的施工事故预警机制研究[D]. 北京:清华大学,2015.

[16] 王伟,吕山可,张雨果,等. 基于 BIM 与机器视觉技术结合的建筑施工危险区域入侵预警研究[J]. 安全与环境工程,2020,27(02):196-203.

[17] R E Melchers. On the ALARP Approach to Risk Management[J]. Reliability Engineering and System Safety,2001,71(2).

[18] 陈舒馨,郭耸,陈学兵,等. 基于层次分析和预先危险性分析法的建筑施工风险评价[J].

安全与环境工程,2018,25(05):127-132+138.
[19] 何衍兴,王琴,蒋瑛.模糊综合评价在建筑施工安全评价中的应用[J].安全与环境工程,2011,18(05):107-110.
[20] 邓军,李贝,张兴华.LEC法在建筑施工企业安全生产事故隐患排查治理中的运用[J].安全与环境工程,2014,21(01):103-107.
[21] Lin, Y C J S. Use of BIM Approach to Enhance Construction Interface Management: a case study[J]. Journal of civil Engineering and Mangment, 2015. 21(2):201-217.
[22] Wang Y Z, L H Juang, W H Liu. A New Design Concept by Using BIM for Reforming an Energy-Saving Campus Building[J]. Applied Mechanics and Materials. 2013, 2574.